新三导丛书

离散数学
导教·导学·导考

廖 虎 主编

张云鹏 廖 虎 余庆红 王松丹 编

西北工业大学出版社

【内容简介】 本书是《离散数学》(西北工业大学出版社,2007年8月)教材的配套教学辅导书,内容由重点内容提要、知识结构网络图、基本要求及考核点和课后习题详解等四部分组成,并附有西北工业大学软件与微电子学院2003—2007年离散数学课程考试试题。

本书可作为离散数学课程的教学、学习和考试参考用书,也可供考研、计算机等级考试等人员参考。

图书在版编目(CIP)数据

离散数学导教·导学·导考/廖虎主编.—西安:西北工业大学出版社,2007.9
(新三导丛书)
ISBN 978-7-5612-2286-7

Ⅰ.离… Ⅱ.廖… Ⅲ.离散数学—高等学校—教学参考资料 Ⅳ.O158

中国版本图书馆CIP数据核字(2007)第132924号

出版发行: 西北工业大学出版社
通信地址: 西安市友谊西路127号 **邮编:** 710072
电　　话: (029)88493844 88491757
网　　址: www.nwpup.com
印 刷 者: 陕西天元印务有限责任公司
开　　本: 787 mm×960 mm 1/16
印　　张: 7.875
字　　数: 203千字
版　　次: 2007年9月第1版 2007年9月第1次印刷
定　　价: 12.00元

前 言

离散数学是一门相对于“连续数学”而命名的现代数学的一个重要分支，并且是计算机科学基础理论的核心科学，是随着计算机科学的发展而建立起来的新兴基础学科。离散数学主要研究离散量的结构和相互之间的关系，其研究对象一般是有限空间，因此它能充分描述计算机科学离散性的特点。

离散数学自20世纪70年代初形成以来，已成为计算机科学与技术的核心专业基础课程，是计算机软件专业本科生必修的专业基础课。一方面，它为后续课程，如数据结构、编译原理、操作系统、数据库原理、人工智能和算法分析等课程提供必要的数学基础；另一方面，通过对离散数学学习，可以培养和提高学生的抽象思维和逻辑推理能力，为今后继续学习和工作打下坚实的数学基础。

本书是在作者多年从事离散数学课程教学实践并参考国内外多种教材的基础上编写而成的，编写章节与《离散数学》教材（西北工业大学出版社）一致，每章由重点内容提要、知识结构网络图、基本要求与考核点、习题详解等4部分组成。重点内容提要部分给出了本章内容的简要总结，以帮助读者抓住要点，提高学习效率。知识结构网络图给出了本章节中各个知识点的联系与区别。基本要求与考核点部分明确地给出了本章的学习目的与要求，以及通过学习所要达到的能力层次。习题详解部分给出了《离散数学》教材中所有习题的解答。本书附录中编入了西北工业大学软件与微电子学院2003—2007年的离散数学课程考试试题。编写过程中，力求做到内容通俗流畅、简明扼要。书中对每个部分的内容都是按照步步启发的模式设计安排的，编者的愿望是想给读者提供一本与同名课程教学相配套的辅助参考书，使读者通过阅读本书，能对离散数学的理论和方法有更加深入的理解。

全书共分10章，其中第1～3章由廖虎编写；第4,5章由余庆红编写；第6,7章由王松丹编写；第8～10章由张云鹏编写。全书由廖虎担任主编。西北工业大学张遵廉教授主审并对本书的编写提出了许多宝贵意见，在编辑出版过程中得到西北工业大学出版社雷军、王夏林同志的大力支持，在此表示衷心的感谢。

由于作者水平有限，书中难免存在不当和疏漏之处，恳请读者批评指正。

作 者

2007年4月

目 录

第 1 章 命题逻辑 …… 1

一、重点内容提要 …… 1
二、知识结构网络图 …… 2
三、基本要求与考核点 …… 2
四、习题详解 …… 3

第 2 章 谓词逻辑 …… 17

一、重点内容提要 …… 17
二、知识结构网络图 …… 18
三、基本要求与考核点 …… 18
四、习题详解 …… 19

第 3 章 集合 …… 27

一、重点内容提要 …… 27
二、知识结构网络图 …… 28
三、基本要求与考核点 …… 28
四、习题详解 …… 29

第 4 章 二元关系 …… 37

一、重点内容提要 …… 37
二、知识结构网络图 …… 38
三、基本要求与考核点 …… 38
四、习题详解 …… 39

第 5 章 函数 …… 46

一、重点内容提要 …… 46
二、知识结构网络图 …… 46
三、基本要求与考核点 …… 47
四、习题详解 …… 47

第 6 章 代数 …… 51

一、重点内容提要 …… 51

二、知识结构网络图 …… 52
三、基本要求与考核点 …… 52
四、习题详解 …… 53

第7章 群论 …… 63

一、重点内容提要 …… 63
二、知识结构网络图 …… 64
三、基本要求与考核点 …… 64
四、习题详解 …… 65

第8章* 格与布尔代数 …… 73

一、重点内容提要 …… 73
二、知识结构网络图 …… 74
三、基本要求与考核点 …… 74
四、习题详解 …… 75

第9章 图论 …… 80

一、重点内容提要 …… 80
二、知识结构网络图 …… 82
三、基本要求与考核点 …… 82
四、习题详解 …… 83

第10章 特殊图 …… 90

一、重点内容提要 …… 90
二、知识结构网络图 …… 91
三、基本要求与考核点 …… 92
四、习题详解 …… 92

附录 西北工业大学软件与微电子学院2003—2007年离散数学课程考试试题 …… 102

第 1 章　命题逻辑

一、重点内容提要

命题：在特定的范围、时间和空间内具有唯一确定真假性的陈述语句. 祈使句、疑问句和感叹句等都不是命题，包括"悖论"这类不能确定是真或假的陈述语句.

原子命题(本原命题)：不能分解成更简单的命题.

命题变元：真值未指定的任意命题，以"真"、"假"为其变化域.

命题常元：真值已指定的命题，就是 $T(1)$ 和 $F(0)$.

命题连接词：命题与命题演算中的运算符. 分别为

非"$\neg$"，　合取"$\wedge$"，　析取"$\vee$"，　蕴含"$\rightarrow$"，　等值"$\forall\leftrightarrow$"

复合命题：通过一些命题连接词将命题和原子命题构成的新命题.

原子公式：单个命题变元和命题常元.

命题公式：由原子公式通过有限次命题演算生成的公式.

真值指派：对命题公式中的所有命题变元指定一组真值(赋值).

真值表：描述命题公式真值情况的二维表，包括了原子命题的所有指派.

重言式(永真式)：对应于所有指派，命题公式均取值为真.

矛盾式(永假式)：对应于所有指派，命题公式均取值为假

偶然式：不是永真式，也不是永假式的命题公式.

恒等式：两个公式对同一任何指派都有相同的真值，他们互为恒等式.

等价：在同一组指派下两个命题公式有相同的真值，它表示了公式之间的关系，记为"$\Leftrightarrow$".

永真蕴含式(蕴含重言式)：如果 $A\rightarrow B$ 是一永真式，A 与 B 的关系. 记为 $A\Rightarrow B$.

对偶公式：在仅有连接词 $\wedge$，$\vee$，$\neg$ 的公式中将 $\wedge$，$\vee$，T，F 分别换以 $\vee$，$\wedge$，F，T 得到的公式，是公式间的相互关系.

基本积(小项)：由命题公式中的一些命题变元和一些命题变元的否定合取而成的子公式.

基本和(大项)：由命题公式中的一些命题变元和一些命题变元的否定析取而成的子公式.

因子：合取或析取这两个二元运算的运算对象.

析取范式：一个由基本积析取组成的公式.

合取范式：一个由基本和合取组成的公式.

范式：析取范式与合取范式的统称.

极小项：对于 n 个变元的公式，满足：若每一个变元与其否定不同时存在，而两者之一必出现一次且仅出

现一次的基本积.

主析取范式:一个由极小项析取组成的公式.

极大项:对于 n 个变元的公式，满足:若每一个变元与其否定不同时存在,而两者之一必出现一次且仅出现一次的基本和.

主合取范式:一个由极大项合取组成的公式.

主范式:主析取范式和主合取范式的统称.

有效结论:在默认已知前提为真时按照公理、恒等式推出的结论.

推理规则:P 规则,直接调用已知条件;T 规则,利用前面的公理化结论.

常用的公理:德·摩根律、蕴含表达式、等值表达式、和前律、分配律、逆反律、传递律、对偶原理.

二、知识结构网络图

- 命题公式
  - 1. 原子命题
    - 命题变元
    - 命题常元
  - 2. 归纳定义的公式
    - 原子命题
    - 由原子命题通过五种关联运算
    - 有限次利用上述方法得到的公式
  - 3. 重言(矛盾)式
    - 永真式
    - 永假式
    - 偶然式
  - 4. 范式
    - 析取范式、主析取范式
    - 合取范式、主合取范式
  - 5. 公式间的关系
    - 恒等式
    - 永真蕴涵式
    - 对偶式

三、基本要求与考核点

1. 命题的概念及分类

(1) 熟悉命题的定义,能判断陈述句是否是命题.

(2) 熟悉命题的基本表示形式、变元、常元等.

2. 命题公式的概念及分类

(1) 熟悉命题之间五个关联运算的真值.

(2) 能构造真值表,求命题公式的真值.

(3) 能判断永真式、永假式、偶然式.

(4) 能求出命题公式的对偶式.

3. 命题公式的范式及分类

(1) 熟悉命题的基本和、基本积.

(2) 能求出命题公式的析取范式、合取范式.

(3) 能构造命题的极大项、极小项.

(4) 能求出命题公式的主析取范式、主合取范式.

4. 命题推理的常用公理

(1) 熟悉命题推理的常用公理.

(2) 熟悉命题推理的 P、T 规则.

(3) 能对命题进行有效论证.

本章的重点:

(1) 命题公式主析取范式、主合取范式的求法.

(2) 命题公式的有效论证.

本章的难点:

(1) 恒等式的推导.

(2) 永真蕴涵式的推导.

四、习题详解

习题　1.1

1. 判断下列语句是否是命题,若是命题,指出其真值.

(1) 上海位于中国的东部.

(2) $8<3$.

(3) 这个命题的真的.

(4) 一个整数为偶数当且仅当它能被 2 整除.

(5) 你说什么?

解　(1) 命题,真.

(2) 命题,假.

(3) 否.

(4) 命题,真.

(5) 否.

2. 将下列命题符号化.

(1) 他们明天或后天去看电影.

(2) 他如今不是在上海就是在杭州.

(3) 如果天不下雪和我有时间,那么我就去逛街.

(4) 天正在下雪,我也没有去逛街.

(5) 除非我得到认可,否则我不会告诉你.

(6) 说逻辑学枯燥无味和毫无价值,这是不对的.

(7) 如果你想中奖,你就得买奖票;如果你买了奖票,你一定是想中奖.

(8) 如果我不获得更多帮助，我不能完成这个任务.

解 (1) 设 P:他们明天去看电影，Q:他们后天去看电影，则有 $P \vee Q$.

(2) 设 P:他如今在上海，Q:他如今在杭州，则有 $P \vee Q$.

(3) 设 P:天下雪，Q:我有时间，R:我去逛街，则有$(\neg P \wedge Q) \rightarrow R$.

(4) 设 P:天下雪，R:我去逛街，则有 $P \wedge \neg R$.

(5) 设 P:我得到认可，R:我会告诉你，则有 $P \rightarrow R$.

(6) 设 P:逻辑学有兴趣，Q:逻辑学有价值，则有 $\neg(\neg P \wedge \neg Q)$.

(7) 设 P:想中奖，Q:买奖票，则有 $P \leftrightarrow Q$.

(8) 设 P:我完成这个任务，Q:我获得更多的帮助，则有 $P \rightarrow Q$.

3. 否定下列命题

(1) 每个自然数都是偶数.

(2) 仅当你去我才去.

(3) 只要风调雨顺，农业就能获得丰收.

(4) 张三的每门课程都很优秀.

解 (1) 并非每个自然数都是偶数.

(2) 并非你去了我才去.

(3) 并非风调雨顺农业才能获得丰收.

(4) 并非张三的每门课程都很优秀.

4. 写出下列命题的逆命题和否命题.

(1) 如果 $a \times b = 0$，则 $a = 0$ 或 $b = 0$.

(2) 如果张三生病了，那么就让李四去出差.

(3) 如果天下雨，我将不去.

解 (1) 逆命题：如果 $a = 0$ 或 $b = 0$，则 $a \times b = 0$.

否命题：并非 $a \times b = 0$，则 $a = 0$ 或 $b = 0$.

(2) 逆命题：如果让李四出差，则是张三病了.

否命题：张三病了并非会让李四出差.

(3) 逆命题：如果我不去，天将下雨.

否命题：如果天不下雨，我将去.

5. 设 P 表示命题“他迟到了”，Q 表示命题“他错过了面试的机会”，R 表示“他找到了工作”. 试用陈述句复述下列命题.

(1)$P \rightarrow Q$.

(2)$P \vee Q \vee R$.

(3)$\neg(P \vee Q) \wedge R$.

(4)$P \leftrightarrow Q$.

(5)$(P \wedge Q) \rightarrow \neg R$.

解 (1) 他迟到了，所以他错过了面试的机会.

(2) 他或许是迟到了，或许是错过了面试的机会，或许他找到了工作.

(3) 他并没有迟到也没有错过面试的机会，他找到了工作.

(4) 如果他迟到，他就错过了面试的机会；如果他错过了面试的机会，那么是他迟到了.

(5) 如果他迟到了且错过了面试的机会，那么他将找不到工作.

6. 构造下列公式的真值表：

(1)$P \vee Q \wedge R$.

(2)$P \wedge Q \wedge R \vee \neg((P \vee Q) \vee (P \vee S))$.

(3)$(\neg(P \wedge Q) \vee \neg R) \vee (\neg P \wedge Q \vee \neg R) \wedge S)$.

(4) $(P \vee Q) \wedge (\neg P \vee R) \wedge (Q \vee R)$.

解　(1) 真值表如表 1.1 所示.

表　1.1

P	Q	R	$P \vee Q$	$P \vee Q \wedge R$
0	0	0	0	0
0	0	1	0	0
0	1	0	1	0
0	1	1	1	1
1	0	0	1	0
1	0	1	1	1
1	1	0	1	0
1	1	1	1	1

(2) 真值表如表 1.2 所示.

表　1.2

P	Q	R	S	$P \wedge Q \wedge R$	$(P \vee Q) \vee (P \vee S)$	$\neg((P \vee Q) \vee (P \vee S))$	原式
0	0	0	0	0	0	1	1
0	0	0	1	0	1	0	0
0	0	1	0	0	0	1	1
0	0	1	1	0	1	0	0
0	1	0	0	0	1	0	0
0	1	0	1	0	1	0	0
0	1	1	0	0	1	0	0
0	1	1	1	0	1	0	0
1	0	0	0	0	1	0	0
1	0	0	1	0	1	0	0
1	0	1	0	0	1	0	0
1	0	1	1	0	1	0	0
1	1	0	0	0	1	0	0
1	1	0	1	0	1	0	0
1	1	1	0	1	1	0	1
1	1	1	1	1	1	0	1

(3) 真值表如表 1.3 所示.

表 1.3

P	Q	R	S	$\neg(P \wedge Q) \vee \neg R$	$(\neg P \wedge Q \vee \neg R) \wedge S$	原式
0	0	0	0	1	0	1
0	0	0	1	1	1	1
0	0	1	0	1	0	1
0	0	1	1	1	0	1
0	1	0	0	1	0	1
0	1	0	1	1	1	1
0	1	1	0	1	0	1
0	1	1	1	1	1	1
1	0	0	0	1	0	1
1	0	0	1	1	1	1
1	0	1	0	1	0	1
1	0	1	1	1	0	1
1	1	0	0	1	0	1
1	1	0	1	1	1	1
1	1	1	0	0	0	0
1	1	1	1	0	0	0

(4) 真值表如表 1.4 所示.

表 1.4

P	Q	R	$P \vee Q$	$\neg P \vee R$	$Q \vee R$	$(P \vee Q) \wedge (\neg P \vee R) \wedge (Q \vee R)$
0	0	0	0	1	0	0
0	0	1	0	1	1	0
0	1	0	1	1	1	1
0	1	1	1	1	1	1
1	0	0	1	0	0	0
1	0	1	1	1	1	1
1	1	0	1	0	1	0
1	1	1	1	1	1	1

7. 证明下列公式的真值与它们变元的真值无关.

(1) $P \wedge (P \to Q) \to Q$.

(2) $(P \to Q) \to (\neg P \vee Q)$.

(3) $(P \to Q) \wedge (Q \to R) \to (P \to R)$.

(4) $(P \leftrightarrow Q) \leftrightarrow (P \wedge Q \vee \neg P \wedge \neg Q)$.

证明　(1) 真值表 1.5 所示.

表　1.5

P	Q	$P \to Q$	$P \wedge (P \to Q)$	$P \wedge (P \to Q) \to Q$
0	0	1	0	1
0	1	1	0	1
1	0	0	0	1
1	1	1	1	1

真值表说明该公式恒为真,与命题变元的指派无关.

(2) $(P \to Q) \to (\neg P \vee Q) \Leftrightarrow \neg (P \to Q) \vee (\neg P \vee Q) \Leftrightarrow \neg (\neg P \vee Q) \vee (\neg P \vee Q) \Leftrightarrow T$

(3) $(P \to Q) \wedge (Q \to R) \to (P \to R) \Leftrightarrow (P \to Q) \wedge (Q \to R) \to (P \to R) \Leftrightarrow$

$\neg ((P \to Q) \wedge (Q \to R)) \vee (P \to R) \Leftrightarrow$

$\neg (P \to Q) \vee \neg (Q \to R) \vee (P \to R) \Leftrightarrow$

$(P \wedge \neg Q) \wedge (Q \wedge \neg R) \vee (\neg P \vee Q) \Leftrightarrow$

$(P \wedge \neg Q) \vee (\neg P \vee Q) \Leftrightarrow$

$(P \vee \neg P) \wedge (\neg R \vee \neg P) \vee Q \Leftrightarrow$

$\neg R \vee R \vee Q \Leftrightarrow T$

(4) 真值表如表 1.6 所示.

表　1.6

P	Q	$P \leftrightarrow Q$	$P \wedge Q \vee \neg P \wedge \neg Q$	$(P \leftrightarrow Q) \leftrightarrow (P \wedge Q \vee \neg P \wedge \neg Q)$
0	0	1	1	1
0	1	0	0	1
1	0	0	0	1
1	1	1	1	1

8. 五种命题运算符 $\neg$, $\wedge$, $\vee$, $\to$, $\leftrightarrow$ 中,有部分满足运算的交换律和结合律,指出是哪些运算,并用真值表证明该运算的交换律和结合律成立.

证明　$\wedge$, $\vee$, $\leftrightarrow$ 满足运算的交换律和结合律. 各自的真值表分别如表 1.7,表 1.8,表 1.9 所示.

表 1.7

P	Q	R	$P \wedge Q$	$Q \wedge P$	$(P \wedge Q) \wedge R$	$P \wedge (Q \wedge R)$
0	0	0	0	0	0	0
0	0	1	0	0	0	0
0	1	0	0	0	0	0
0	1	1	0	0	0	0
1	0	0	0	0	0	0
1	0	1	0	0	0	0
1	1	0	1	1	0	0
1	1	1	1	1	1	1

表 1.8

P	Q	R	$P \vee Q$	$Q \vee P$	$(P \vee Q) \vee R$	$P \vee (Q \vee R)$
0	0	0	0	0	0	0
0	0	1	0	0	1	1
0	1	0	1	1	1	1
0	1	1	1	1	1	1
1	0	0	1	1	1	1
1	0	1	1	1	1	1
1	1	0	1	1	1	1
1	1	1	1	1	1	1

表 1.9

P	Q	R	$P \leftrightarrow Q$	$Q \leftrightarrow P$	$(P \leftrightarrow Q) \leftrightarrow R$	$P \leftrightarrow (Q \leftrightarrow R)$
0	0	0	1	1	0	0
0	0	1	1	1	1	1
0	1	0	0	0	1	1
0	1	1	0	0	0	0
1	0	0	0	0	1	1
1	0	1	0	0	0	0
1	1	0	1	1	0	0
1	1	1	1	1	1	1

习题　1.2

1. 判断下列命题哪些是重言式、矛盾式和偶然式？

(1) $P \vee \neg P$.

(2) $P \wedge \neg P$.

(3) $((P \to Q) \wedge (Q \to R)) \to (P \to R)$.

(4) $(P \to Q) \leftrightarrow (\neg Q \to \neg P)$.

(5) $(\neg P \vee Q) \wedge (P \vee \neg Q)$.

(6) $((P \to Q) \wedge (R \to Q)) \to ((P \wedge R) \to Q)$.

(7) $P \wedge (Q \vee R) \to (P \wedge Q \vee P \wedge R)$.

(8) $(P \wedge Q \leftrightarrow P) \leftrightarrow (P \leftrightarrow Q)$.

解　(1) 重言式.

(2) 矛盾式.

(3) 重言式.

(4) 重言式.

(5) 重言式.

(6) 偶然式.

(7) 重言式.

(8) 偶然式.

2. 将下列表达式转换成仅有 $\vee$ 和 $\neg$ 运算的等价表达式，并尽可能简单.

(1) $P \vee (Q \vee \neg R)$.

(2) $P \vee (\neg Q \wedge R \to P)$.

(3) $P \to (Q \to P)$.

(4) $(P \wedge Q) \wedge \neg R$.

(5) $(P \to (Q \vee \neg R)) \wedge \neg P \wedge Q$.

(6) $\neg P \wedge \neg Q \wedge (\neg R \to P)$.

解　(1) $P \vee (Q \vee \neg R) \Leftrightarrow P \vee Q \vee \neg R$.

(2) $P \vee (\neg Q \wedge R \to P) \Leftrightarrow P \vee (\neg(\neg Q \wedge R) \vee P) \Leftrightarrow P \vee (Q \vee \neg R \vee P) \Leftrightarrow Q \vee \neg R \vee P$.

(3) $P \to (Q \to P) \Leftrightarrow \neg P \vee (Q \to P) \Leftrightarrow \neg P \vee \neg Q \vee P \Leftrightarrow T \vee \neg Q \Leftrightarrow T$.

将下列表达式转换成仅有 $\wedge$ 和 $\neg$ 运算的等价表达式，并尽可能简单.

(4) $(P \wedge Q) \wedge \neg R \Leftrightarrow P \wedge Q \wedge \neg R$.

(5) $(P \to (Q \vee \neg R)) \vee \neg P \vee Q \Leftrightarrow (\neg P \vee Q \vee \neg R) \wedge \neg P \wedge Q \Leftrightarrow$

$(\neg P \wedge \neg P) \vee (Q \wedge \neg P) \vee (\neg R \wedge \neg P) \wedge Q \Leftrightarrow$

$\neg P \wedge Q \vee (Q \wedge \neg P \wedge Q) \vee (\neg R \wedge \neg P \wedge Q) \Leftrightarrow$

$\neg(\neg(\neg P \wedge Q) \wedge \neg(Q \wedge \neg P \wedge Q) \wedge \neg(\neg R \wedge \neg P \wedge Q))$

(6) $\neg P \wedge \neg Q \wedge (\neg R \to P) \Leftrightarrow \neg P \wedge \neg Q \wedge (R \vee P) \Leftrightarrow (\neg P \wedge \neg Q \wedge R) \vee (\neg P \wedge \neg Q \wedge P) \Leftrightarrow$

$(\neg P \wedge \neg Q \wedge R) \vee F \Leftrightarrow (\neg P \wedge \neg Q \wedge R)$

3.证明下列等价关系

(1)$(P\rightarrow Q)\wedge(Q\rightarrow P)\Leftrightarrow(P\wedge Q)\wedge(\neg P\wedge\neg Q)$.

(2)$P\rightarrow(Q\rightarrow R)\Leftrightarrow Q\rightarrow(P\rightarrow R)$.

(3)$P\rightarrow(Q\rightarrow P)\Leftrightarrow\neg P\rightarrow(P\rightarrow\neg Q)$.

(4)$(\neg P\wedge\neg Q)\rightarrow\neg R\Leftrightarrow R\rightarrow(Q\vee P)$.

(5)$(P\rightarrow Q)\wedge(R\rightarrow Q)\Leftrightarrow(P\vee R)\rightarrow Q)$.

(6)$\neg(P\leftrightarrow Q)\Leftrightarrow(P\vee Q)\wedge\neg(P\wedge Q)\Leftrightarrow(P\wedge\neg Q)\vee(\neg P\wedge Q)$.

(7)$\neg(P\rightarrow Q)\Leftrightarrow P\wedge\neg Q$.

(8)$\neg P\leftrightarrow Q\Leftrightarrow P\leftrightarrow\neg Q$.

证明 (1)$(P\rightarrow Q)\wedge(Q\rightarrow P)\Leftrightarrow(\neg P\vee Q)\wedge(\neg Q\vee P)\Leftrightarrow(\neg P\vee Q\wedge\neg Q)\vee(\neg P\vee Q\wedge P)\Leftrightarrow$

$(\neg P\wedge\neg Q)\vee(Q\wedge\neg Q)\vee(\neg P\wedge P)\vee(Q\wedge P)\Leftrightarrow$

$(\neg P\wedge\neg Q)\vee F\vee F\vee(Q\wedge P)\Leftrightarrow(Q\wedge P)\wedge(\neg P\wedge\neg Q)$

(2)$P\rightarrow(Q\rightarrow R)\Leftrightarrow\neg P\vee\neg Q\vee R\Leftrightarrow\neg Q\vee\neg P\vee R\Leftrightarrow\neg Q\vee(\neg P\vee R)\Leftrightarrow$

$\neg Q\vee(P\rightarrow R)\Leftrightarrow Q\rightarrow(P\rightarrow R)$

(3)$P\rightarrow(Q\rightarrow P)\Leftrightarrow\neg P\vee\neg Q\vee P\Leftrightarrow P\vee\neg P\vee\neg Q\Leftrightarrow P\vee(P\rightarrow\neg Q)\Leftrightarrow P\rightarrow(P\rightarrow\neg Q)$.

(4)$(\neg P\wedge\neg Q)\rightarrow\neg R\Leftrightarrow\neg(\neg P\wedge\neg Q)\vee\neg R\Leftrightarrow\neg R\vee(P\vee Q)\Leftrightarrow R\rightarrow(Q\vee P)$.

(5)$(P\rightarrow Q)\wedge(R\rightarrow Q)\Leftrightarrow(\neg P\vee Q)\wedge(\neg R\vee Q)\Leftrightarrow(\neg P\wedge(\neg R)\vee Q\Leftrightarrow$

$\neg(P\vee R)\vee Q\Leftrightarrow(P\vee R)\rightarrow Q)$

(6)$\neg(P\leftrightarrow Q)\Leftrightarrow\neg((P\rightarrow Q)\wedge(Q\rightarrow P))\Leftrightarrow\neg((\neg P\vee Q)\wedge(\neg Q\vee P))\Leftrightarrow$

$(P\wedge\neg Q)\vee(\neg P\wedge Q)$

(7)$\neg(P\rightarrow Q)\Leftrightarrow P\wedge\neg Q\Leftrightarrow\neg(\neg P\vee Q)\Leftrightarrow P\wedge\neg Q$.

(8)$\neg P\leftrightarrow Q\Leftrightarrow(\neg P\rightarrow Q)\wedge(Q\rightarrow\neg P)\Leftrightarrow(P\vee Q)\wedge(\neg P\vee\neg Q)\Leftrightarrow$

$(\neg Q\rightarrow P)\wedge(P\rightarrow\neg Q)\Leftrightarrow P\leftrightarrow\neg Q$

4.使用恒等式证明下列各式.

(1)$\neg(\neg P\vee\neg Q)\vee\neg(\neg P\vee Q)\Leftrightarrow P$.

(2)$(P\vee\neg Q)\wedge(P\vee Q)\wedge(\neg P\vee\neg Q)\Leftrightarrow\neg(\neg P\vee Q)$.

(3)$Q\vee\neg((\neg P\vee Q)\wedge P)\Leftrightarrow T$.

证明 (1)$\neg(\neg P\vee\neg Q)\vee\neg(\neg P\vee Q)\Leftrightarrow(Q\wedge P)\vee(P\wedge\neg Q)\Leftrightarrow(P\wedge(Q\vee\neg Q))\Leftrightarrow P$.

(2)$(P\vee\neg Q)\wedge(P\vee Q)\wedge(\neg P\vee\neg Q)\Leftrightarrow(P\vee(\neg Q\wedge Q))\wedge(\neg P\vee\neg Q)\Leftrightarrow$

$P\wedge(\neg P\vee\neg Q)\Leftrightarrow$

$(P\wedge\neg P)\vee(P\wedge\neg Q)\Leftrightarrow\neg(\neg P\vee Q)$

(3)$Q\vee\neg((\neg P\vee Q)\wedge P)\Leftrightarrow Q\vee\neg(P\wedge Q)\Leftrightarrow Q\vee\neg Q\vee\neg P\Leftrightarrow T\vee\neg P\Leftrightarrow T$.

5. 求出下列公式的对偶式

(1)$\neg(\neg(Q\rightarrow P)\rightarrow(\neg Q\vee R)$.

(2)$(\neg P\wedge Q)\rightarrow\neg(Q\vee\neg R)$.

(3)$\neg(\neg Q\vee R)\rightarrow(Q\rightarrow P)$.

(4)$Q\rightarrow(P\vee R)$.

(5)$(P\wedge Q)\rightarrow\neg R$.

解 (1)$\neg(\neg(Q\to P)\to(\neg Q\vee R)\Leftrightarrow\neg(\neg(\neg Q\vee P)\to(\neg Q\vee R)\Leftrightarrow\neg(Q\wedge\neg P)\to(\neg Q\vee R)\Leftrightarrow$

$$(Q\wedge\neg P)\vee(\neg Q\vee R)$$

对偶式为

$$(Q\vee\neg P)\wedge(\neg Q\wedge R)$$

(2)$(\neg P\wedge Q)\to\neg(Q\vee\neg R)\Leftrightarrow(\neg P\wedge Q)\vee(\neg Q\wedge R)\Leftrightarrow(P\vee\neg Q)\vee(\neg Q\wedge R)$.

对偶式为

$$(P\wedge\neg Q)\wedge(\neg Q\vee R)$$

(3)$\neg(\neg Q\vee R)\to(Q\to P)\Leftrightarrow(\neg Q\vee R)\vee(\neg Q\vee P)$.

对偶式为

$$(\neg Q\wedge R)\wedge(\neg Q\wedge P)$$

(4)$Q\to(P\vee R)\Leftrightarrow\neg Q\vee P\vee R$.

对偶式为

$$\neg Q\wedge P\wedge R$$

(5)$(P\wedge Q)\to\neg R\Leftrightarrow\neg(P\vee Q)\vee\neg R\Leftrightarrow\neg P\vee\neg Q\vee\neg R$.

对偶式为

$$\neg P\wedge\neg Q\wedge\neg R$$

6.证明下列蕴含式

(1)$P\wedge Q\Rightarrow(P\to Q)$.

(2)$P\Rightarrow(Q\to P)$.

(3)$(P\to(Q\to R))\Rightarrow(P\to Q)\to(P\to\neg R)$.

(4)$P\to Q\Rightarrow P\to P\wedge Q$.

(5)$(P\to Q)\to Q\Rightarrow P\vee Q$.

证明 (1)$P\wedge Q\to(P\to Q)\Leftrightarrow\neg(P\wedge Q)\vee(\neg P\vee Q)\Leftrightarrow(\neg P\vee\neg Q)\vee(\neg P\vee Q)\Leftrightarrow$

$$\neg P\vee\neg Q\vee Q\Leftrightarrow T$$

为永真式,故

$$P\wedge Q\Rightarrow(P\to Q)$$

(2)$P\to(Q\to P)\Leftrightarrow\neg(P\vee(P\vee\neg Q))\Leftrightarrow T$.

为永真式,故

$$P\Rightarrow(Q\to P)$$

(3)

$$(P\to(Q\to R))\to(P\to Q)\to(P\to\neg R)\Leftrightarrow\neg(\neg P\vee(R\vee\neg Q))\vee(\neg(P\vee\neg Q)\vee(R\vee\neg P))\Leftrightarrow$$

$$(P\wedge Q\wedge\neg R)\vee(P\wedge\neg Q)\vee\neg P\vee R\Leftrightarrow$$

$$(P\wedge Q\wedge\neg R)\vee((P\vee\neg P)\wedge(\neg Q\vee\neg P))\vee R\Leftrightarrow$$

$$(P\wedge Q\wedge\neg R)\vee\neg(Q\wedge P\wedge\neg R)\Leftrightarrow T$$

为永真式,故

$$(P\to(Q\to R))\Rightarrow(P\to Q)\to(P\to\neg R)$$

(4) 设$P\to P\wedge Q$为F,则P为T,Q为F,则$P\to Q$为F,所以

$$P\to Q\Rightarrow P\to P\wedge Q$$

(5) 设$P\vee Q$为F,则P为F,Q为F,则$(P\to Q)\to Q$为F,所以

$$(P\to Q)\to Q\Rightarrow P\vee Q$$

习题 1.3

1.求出等价于下列公式的析取范式和主析取范式.

(1)$P\to Q$.

(2)$P\to(\neg Q\vee R)$.

(3)$(P\wedge Q)\vee(\neg Q\leftrightarrow R)$.

(4)$\neg(P\to\neg Q)\to R$.

解 (1)$P\to Q\Leftrightarrow\neg P\vee Q$.

(2)$P\to(\neg Q\vee R)\Leftrightarrow\neg P\vee\neg Q\vee R$.

(3)$(P\wedge Q)\vee(\neg Q\leftrightarrow R)\Leftrightarrow(P\wedge Q)\vee((Q\vee R)\wedge(\neg R\vee Q))\Leftrightarrow$

$(P\wedge Q)\vee((Q\vee R\wedge\neg R)\vee(Q\vee R\vee Q))\Leftrightarrow(P\wedge Q)\vee Q\vee R$

(4)$\neg(P\to\neg Q)\to R\Leftrightarrow(P\to\neg Q)\vee R\Leftrightarrow\neg P\vee\neg Q\vee R$.

2. 求出等价于下列公式的合取范式和主合取范式.

(1)$(\neg P\vee\neg Q)\to(P\leftrightarrow\neg Q)$.

(2)$P\vee(\neg P\to(Q\vee(\neg Q\to R)))$.

(3)$(P\to Q\wedge R)\wedge(\neg P\to(\neg Q\wedge\neg R))$.

(4)$P\wedge\neg Q\wedge S\vee\neg P\wedge Q\wedge R$.

解 (1) 真值表如表1.10所示,所以主合取范式为$P\vee Q$.

表 1.10

P	Q	$\neg P\vee\neg Q$	$P\leftrightarrow\neg Q$	$(\neg P\vee\neg Q)\to(P\leftrightarrow\neg Q)$
0	0	1	0	0
0	1	1	1	1
1	0	1	1	1
1	1	0	0	1

(2)$P\vee(\neg P\to(Q\vee(\neg Q\to R)))\Leftrightarrow P\vee(P\vee(Q\vee(Q\vee R)))\Leftrightarrow P\vee Q\vee R$.

(3)

$(P\to Q\wedge R)\wedge(\neg P\to(\neg Q\wedge\neg R))\Leftrightarrow(\neg P\vee Q\wedge R)\wedge(P\vee\neg Q\wedge\neg R)\Leftrightarrow$

$(\neg P\vee Q)\wedge(\neg P\vee R)\wedge(P\vee\neg Q)\wedge(P\vee\neg R)\Leftrightarrow$

$(P\vee Q\vee\neg R)\wedge(P\vee\neg Q\vee R)\wedge(P\vee\neg Q\vee\neg R)\wedge$

$(\neg P\vee Q\vee R)\wedge(\neg P\vee Q\vee\neg R)\wedge(\neg P\vee Q\vee\neg R)\wedge$

$(\neg P\vee\neg Q\vee R)$

(4)$P\wedge\neg Q\wedge S\vee\neg P\wedge Q\wedge R\Leftrightarrow P\wedge\neg Q\wedge S\wedge(R\vee\neg R)\vee\neg P\wedge Q\wedge R\wedge(S\vee\neg S)\Leftrightarrow$

$P\wedge\neg Q\wedge R\wedge S\vee P\wedge\neg Q\wedge\neg R\wedge S\vee\neg P\wedge Q\wedge R\wedge$

$S\vee\neg P\wedge Q\wedge R\wedge\neg S$

主合取范式为

$$\pi(0,1,2,3,4,5,8,10,12,13,14,15)$$

习题 1.4

1. 用真值表证明下述论证的有效性,其中H_1,H_2,H_3是前提,C是结论:

(1)$H_1:P\to Q$, C: $P\to P\wedge Q$.

(2)$H_1:\neg P\vee Q$,$H_2:\neg(Q\vee\neg R)$,$H_3:\neg R$,$C:\neg P$.

(3) $H_1: P \vee Q, H_2: P \to R, H_3: Q \to R, C: R$.

(4) $H_1: P \to (Q \to R), H_2: P \wedge Q, C: R$.

解　(1) 真值表如表 1.11 所示.

表　1.11

P	Q	$P \to Q$	$P \wedge Q$	$P \to P \wedge Q$	$H_1 \to C$
0	0	1	0	1	1
0	1	1	0	1	1
1	0	0	0	0	1
1	1	1	1	1	1

(2) 真值表如表 1.12 所示.

表　1.12

P	Q	R	H_1	H_2	H_3	C	$H_1 \wedge H_2 \wedge H_3$	$H_1 \wedge H_2 \wedge H_3 \to C$
0	0	0	1	1	1	1	1	1
0	0	1	1	1	0	1	0	1
0	1	0	1	0	1	1	0	1
0	1	1	1	1	0	1	0	1
1	0	0	0	1	1	0	0	1
1	0	1	0	1	0	0	0	1
1	1	0	1	0	1	0	0	1
1	1	1	1	1	0	0	0	1

(3) 真值表如表 1.13 所示.

表　1.13

P	Q	R	H_1	H_2	H_3	C	$H_1 \wedge H_2 \wedge H_3$	$H_1 \wedge H_2 \wedge H_3 \to C$
0	0	0	0	1	1	0	0	1
0	0	1	0	1	1	1	0	1
0	1	0	1	1	0	0	0	1
0	1	1	1	1	1	1	1	1
1	0	0	1	0	1	0	0	1
1	0	1	1	1	1	1	1	1
1	1	0	1	0	0	0	0	1
1	1	1	1	1	1	1	1	1

(4) 真值表如表 1.14 所示.

表 1.14

P	Q	R	H_1	H_2	C	$H_1 \land H_2$	$H_1 \land H_2 \to C$
0	0	0	1	0	0	0	1
0	0	1	1	0	1	0	1
0	1	0	1	0	0	0	1
0	1	1	1	0	1	0	1
1	0	0	1	0	0	0	1
1	0	1	1	0	1	0	1
1	1	0	0	1	0	0	1
1	1	1	1	1	1	1	1

2.完成下列推理.

如果今天是休息日,我就去购物或郊游.如果商店关门,就不去购物.所以,如果今天是休息日并且商店关门,则我就去郊游.

解 设P:今天是休息日,Q:商店关门,R:去购物,S:去郊游,则

$$P \to R \lor S, Q \to \neg R$$

$$P \land Q \to R \lor S \land \neg R \to S$$

3.已知事实如下所述,问结论是否有效.

前提:

(1) 如果天下雪,则马路就会结冰;

(2) 如果马路结冰,汽车就不会开快;

(3) 如果汽车开的不快,马路上就会塞车;

(4) 马路上没有塞车;

结论:天没有下雪.

解 设p天下雪;q马路结冰;r汽车跑不快;s马路赛车,则

$$p \to q, \quad q \to r, \quad r \to s, \quad \neg s, \quad \neg r, \quad \neg q$$

那么$\neg p$.

即天没有下雪,论证有效.

4.警察在调查一宗盗窃案时获得事实如下:

(1)A或B盗窃了x;

(2) 如果A盗窃了x,则作案时间不可能发生在午夜前;

(3) 若B的证词正确,则在午夜时屋里灯光未灭;

(4) 若B的证词不正确,则作案时间发生在午夜之前;

(5) 在午夜时屋里灯光灭了.

问:谁是盗窃犯?写出推理过程.

解 设p:A盗窃了x,q:B盗窃了x,r:作案时间发生在午夜之前,s:午夜时屋里灯光灭了,X:B的证词正确.

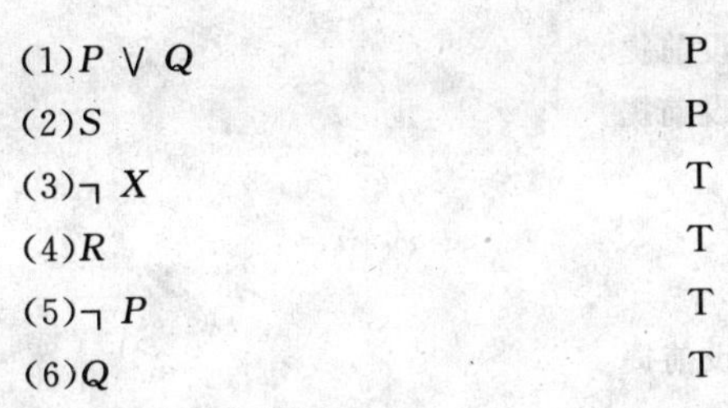

(1)$P \vee Q$	P
(2)S	P
(3)$\neg X$	T
(4)R	T
(5)$\neg P$	T
(6)Q	T

则 B 是盗窃犯.

5.证明下列结论.

(1)$\neg P \vee Q, R \to \neg Q \Rightarrow P \to \neg R$.

(2)$P \to (Q \to R),\ Q \to (R \to S) \Rightarrow P \to (Q \to S)$.

(3)$P \to \neg Q,\ R \vee S,\ S \to \neg Q,\ P \to Q \Rightarrow \neg P$.

(4)$P \to (Q \to R),\ P \wedge Q \Rightarrow R$.

(5)$P \to Q,\ \neg Q,\ P \vee R, \Rightarrow R$.

(6)$R \to \neg Q,\ R \vee S,\ S \to \neg Q,\ P \to Q\ T \neg P$.

(7)$\neg (P \to Q) \to \neg (R \vee S),\ ((Q \to P) \vee \neg R),\ R \Rightarrow P \leftrightarrow Q$.

(8)$Q \to P,\ Q \leftrightarrow S,\ S \leftrightarrow T,\ T \wedge R \Rightarrow P \wedge Q \wedge R \wedge S$.

证明

(1)	1　$R \to \neg Q$P	假设前提
	2　$\neg P \vee Q$	P
	3　$\neg Q$	P
	4　P	T
	5　R	P
	6　$P \to \neg R$	T
(2)	1　P	P 假设前提
	2　Q	P 假设前提
	3　$P \to (Q \to R)$	P
	4　$Q \to R$	$T_{1,3}$①,I_3
	5　R	$T_{2,4}$, I_3
	6　$Q \to (R \to S)$	P
	7　$R \to S$	$T_{2,6}$, I_3
	8　S	$T_{5,7}$, I_3
	9　$Q \to S$	CP
	10　$P \to (Q \to S)$	CP
(2)	1　P	P 假设前提
	2　$\neg Q$	T
	3　$\neg (P \to Q)$	T
	4　$\neg (P \to Q) \wedge (P \to Q)$	矛盾

① $T_{1,3}$ 的含义,指题目中证明步骤的 1 和 3,以下 $T_{2,4}$,T_8…… 的含义类同。

(3) 1	P	P 假设前提
2	Q	P 假设前提
3	R	T
4	$P \wedge Q$	T
5	$P \wedge Q T R$	CP
(4) (1)	P	P 假设前提
2	$\neg Q$	P
3	$\neg P$	T
4	$P \vee R$	P
5	R	T
(5) 1	P	P 为假设前提
2	$P \rightarrow Q$	P
3	Q	$T_{1,2}$, I_3
4	$R \rightarrow \neg Q$	P
5	$\neg R$	$T_{3,4}$, I_3
6	$S \rightarrow \neg Q$	P
7	$\neg S$	$T_{3,6}$, I_3
8	$\neg R \wedge \neg S$	$T_{5,7}$,合取式
9	$\neg (R \vee S)$	T_8, E10
10	$R \vee S$	P
11	$(R \vee S) \wedge \neg (R \vee S)$	矛盾
(7) 1	$\neg (P \rightarrow Q) \rightarrow \neg (R \vee S)$	P
2	$\neg (P \rightarrow Q) \rightarrow \neg R \wedge \neg S$	T
3	$\neg (P \rightarrow Q)$	P 假设前提
4	$(Q \rightarrow P) \vee \neg R$	P
5	$(Q \rightarrow P)$	T
6	$R \Rightarrow P \leftrightarrow Q$	T
(8) 1	$T \wedge R$	P
2	R	T
3	T	T
4	$S \leftrightarrow T$	P
5	$(S \rightarrow T) \wedge (S \rightarrow T)$	T
6	S	T
7	$Q \leftrightarrow S$	P
8	$(Q \rightarrow S) \wedge (S \rightarrow Q)$	T
9	Q	T
10	$Q \rightarrow P$	P
11	P	T
12	$P \wedge Q \wedge R \wedge S$	T

第 2 章　谓词逻辑

一、重点内容提要

个体:独立存在的客体,可以是一个具体的事物,也可以是一个抽象的概念.

个体常元:指具体的或特定的个体.

个体变元:指抽象的或泛指的个体的词.

谓词:刻画个体的属性或多个个体之间关系的模式或陈述句.

命题函数:当个体是变元时谓词的称呼.

论述域(个体域):谓词命名式中个体变元的取值范围.

量词:量化个体数量的词.

全称量词:指"对一切个体"、"对任意一个个体"或"对每一个个体".

存在量词:指"存在一个体","对某些个体"或"至少有一个个体".

全总个体域:包括谓词中各个体变元的所有个体域的总和.

特性谓词:对每个个体变元的取值范围用谓词形式描述.

原子公式:不出现命题连接词和量词的谓词命名式.

谓词演算公式:由原子公式通过有限次谓词演算生成的公式.

辖域:紧接于量词之后最小的子公式.

约束变元:辖域中出现的已经量化的个体变元.

自由变元:非约束变元.

谓词公式的等价:在公共个体域 E 中,对谓词命名式中的谓词变元和个体变元指派以 E 中的任意一个确定的解释和个体后所得的命题具有同样的真值,与命题公式等价一样,仅增加了对个体变元的指派.

谓词公式的永真蕴涵:两个谓词公式 A 和 B,有 $A \rightarrow B \Leftrightarrow 1$.

对偶式:对仅含运算符 $\wedge$,$\vee$ 和 $\neg$ 的公式,将公式中的全称量词与存在量词互换,$\wedge$ 与 $\vee$ 互换,T 和 F 互换得到的公式;相对命题公式的对偶增加了量词的对换.

常用的公理:三段论、广义德・摩根律、量词辖域的扩张和收缩、量词的分配形式、量词的交换、量词对等值及蕴涵运算的处理、对偶原理.

推理规则:全称指定规则、存在指定规则、存在推广规则、全称推广规则,多用于指定个体去掉量词后进行推理.命题推理的 P,T 规则得以继承:全称量词指定规则、存在量词指定规则、存在量词推广规则、全称量词推广规则.

二、知识结构网络图

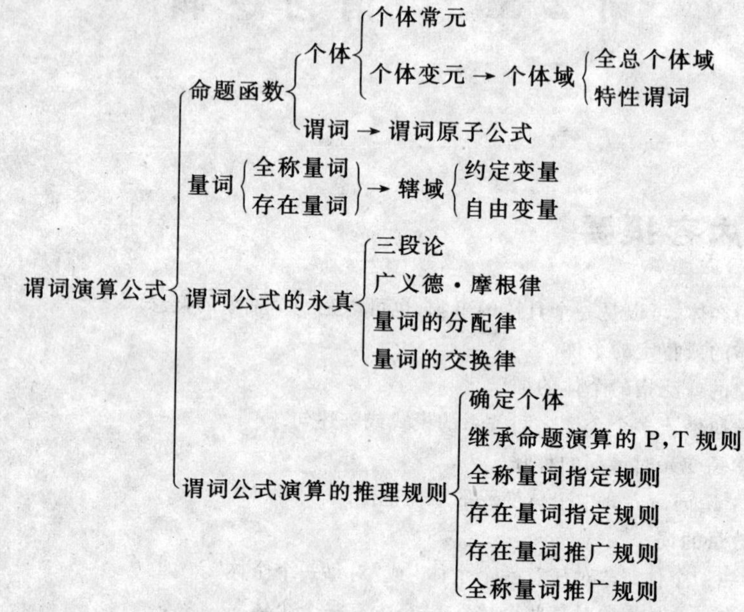

三、基本要求与考核点

1. 谓词、个体的概念及关系

(1) 熟悉谓词、个体的定义,能判断谓词的真值.

(2) 熟悉命题函数的定义,能判定个体域.

2. 量词的概念及分类

(1) 熟悉全称量词、存在量词的含义.

(2) 熟悉特性谓词的应用.

(3) 能在有限个体域中消去谓词的量词.

(4) 能区分自由变元、约束变元及量词的辖域.

3. 谓词演算公式的推理

(1) 熟悉谓词演算公式的构成.

(2) 能进行谓词公式等价的推导.

(3) 能进行谓词公式永真蕴涵的推导.

(4) 能构造谓词公式的对偶式.

4. 谓词公式推理的常用公理

(1) 熟悉谓词公式推理的常用公理.

(2) 熟悉谓词公式推理的规则.

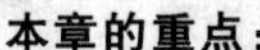

本章的重点：

(1) 谓词公式真值的判定.

(2) 谓词公式的有效论证.

本章的难点：

含有量词的谓词公式的推导.

四、习题详解

习题　2.1

1. 将下列命题符号化.

(1) 李强不是不聪明，而是不用功. (2) 如果天不下雨，我们就去郊游.

解　(1) 设 P:李强聪明，Q:李强用功. 原命题符号化为

$$P \wedge \neg Q$$

(2) 设 P:天不下雨，Q:我们去郊游. 原命题符号化为

$$P \to Q$$

2. 在谓词逻辑中将下列命题符号化

(1) 有些人喜欢所有的花. (2) 尽管有人聪明，但未必每个人都聪明.

解　(1) 设 $M(x)$;x 是人，$F(x)$:x 是花，$L(x,y)$:x 喜欢 y. 原命题可符号化为

$$\exists x(M(x) \to \forall y(F(y) \wedge L(x,y)))$$

(2) $M(x)$:x 人，$G(x)$:x 聪明，原命题可符号化为

$$\exists x(M(x) \wedge G(x)) \wedge \neg \forall x(M(x) \to G(x))$$

3. 对下面公式指出自由变元与约束变元

(1) $\exists x \forall y(P(x) \wedge Q(y)) \to \forall xR(x)$. (2) $\exists x \exists y(P(x,y) \wedge Q(z))$.

解　(1) x,y 都是约束变元.

(2) x,y 都是约束变元，z 是自由变元.

4. 设个体域为 $D=\{a,b,c\}$，将下列各式化为不含量词的形式，

(1) $\forall xF(x) \wedge \exists xG(x)$. (2) $\forall x(P(x) \to Q(x))$.

解　(1) $\forall xF(x) \wedge \exists xG(x) \Leftrightarrow F(a) \wedge F(b) \wedge F(c) \wedge (G(a) \vee G(b) \vee G(c))$.

(2) $\forall x(P(x) \to Q(x)) \Leftrightarrow (P(a) \to Q(a)) \wedge (P(b) \to Q(b)) \wedge P(c) \to Q(c))$.

5. 指出下列命题的真值.

(1) $\forall x(P \to Q(x)) \vee R(e)$，其中 P:“$3>2$”，$Q(x)$:$x<3$，$R(x)$:$x>5$，$e=5$，个体域 $D=\{-2,3,6\}$.

(2) $\exists x(P(x) \to Q(x))$，其中，$P(x)$:$x>3$，$Q(x)$:$x=4$，个体域 $D=\{2\}$.

解　(1) $\forall x(P \to Q(x)) \vee R(e) \Leftrightarrow (1 \to 0) \vee 0 \Leftrightarrow 0$.

(2) $\exists x(P(x) \to Q(x)) \Leftrightarrow (0 \to 0) \Leftrightarrow 1$.

6. 谓词公式 $\forall x(P(x) \vee \exists yR(y)) \to Q(x)$ 中量词 $\forall x$ 的辖域是什么?

答　$P(x) \vee \exists yR(y)$.

7. 指出下列谓词公式中的量词及其辖域，指出各自由变元和约束变元，并回答它们是否是命题.

(1) $\forall x(P(x) \vee Q(x)) \wedge R$ （R 为命题常元）.

(2) $\forall x(P(x) \wedge Q(x)) \wedge \exists x S(x) \rightarrow T(x)$.

(3) $\forall x(P(x) \rightarrow \exists y(B(x,y) \wedge Q(y)) \vee T(y))$.

(4) $P(x) \rightarrow (\forall y \exists x(P(x) \wedge B(x,y)) \rightarrow P(x))$.

解 (1) 全称量词 $\forall$，辖域 $P(x) \vee Q(x)$，其中 x 为约束变元，$\forall x(P(x) \vee Q(x)) \wedge R$ 是命题.

(2) 全称量词 $\forall$，辖域 $P(x) \vee Q(x)$，其中 x 为约束变元.

存在量词 $\exists$，辖域 $S(x)$，其中 x 为约束变元.

$T(x)$ 中 x 为自由变元. $\forall x(P(x) \wedge Q(x)) \wedge \exists x S(x) \rightarrow T(x)$ 不是命题.

(3) 全称量词 $\forall$，辖域 $P(x) \rightarrow \exists y(B(x,y) \wedge Q(y)) \vee T(y)$，其中 x 为约束变元，$T(y)$ 中 y 为自由变元.

存在量词 $\exists$，辖域 $B(x,y) \wedge Q(y)$，其中 y 为约束变元. $\forall x(P(x) \rightarrow \exists y(B(x,y) \wedge Q(y)) \vee T(y))$ 是命题.

(4) 全称量词 $\forall$，辖域 $\exists x(P(x) \wedge B(x,y))$，其中 y 为约束变元.

存在量词 $\exists$，辖域 $P(x) \wedge B(x,y)$，其中 x 为约束变元.

不在量词辖域中的 $P(x)$ 中的 x 为自由变元. $P(x) \rightarrow (\forall y \exists x(P(x) \wedge B(x,y)) \rightarrow P(x))$ 不是命题.

8. 指定整数集的一个尽可能大的子集（如果存在）为个体域，使得下列公式为真.

(1) $\forall x(x > 0)$.

(2) $\forall x(x = 5 \vee x = 6)$.

(3) $\forall x \exists y(x + y = 3)$.

(4) $\exists y \forall x(x + y < 0)$.

解 (1) 对正整数集个体域，$\forall x(x > 0)$ 为真.

(2) 对$\{5,6\}$，$\forall x(x = 5 \vee x = 6)$ 为真.

(3) 对整数集，$\forall x \exists y(x + y = 3)$ 为真.

(4) 使得 $\exists y \forall x(x + y < 0)$ 为真的整数集的尽可能大的子集不存在.

9. 用谓词公式将下列语句形式化：

(1) 高斯是数学家，但不是文学家.

(2) 没有一个奇数是偶数.

(3) 一个数既是偶数又是质数，当且仅当该数为 2.

(4) 有的猫不捉耗子，会捉耗子的猫便是好猫.

(5) 发亮的东西不都是金子.

(6) 不是所有的男人都至少比一个女人高，但至少有一个男人比所有的女人高.

(7) 一个人如果不相信所有其他人，那么他也就不可能得到其他人的信任.

(8) 如果别的星球上有人，天文学家是不会感到惊讶的.

(9) 党指向哪里，我们就奔向那里.

(10) 谁要是游戏人生，他就一事无成；谁不能主宰自己，他就是一个奴隶.（歌德）

解 (1) $M(x)$ 表示"x 是数学家"，$A(x)$ 表示"x 是天文学家"，g 表示"高斯"，原句可表示为

$$M(g) \wedge \neg A(g)$$

(2)$O(x)$ 表示"x 是奇数",$E(x)$ 表示"x 是偶数",原句可表示为

$$\neg \exists x(O(x) \wedge E(x))$$

(3)$O(x)$ 表示"x 是奇数",$E(x)$ 表示"x 是偶数",原句可表示为

$$\forall x(O(x) \wedge E(x) \leftrightarrow x = 2)$$

(4)$C(x)$ 表示"x 是猫",$M(x)$ 表示"x 是老鼠",$G(x)$ 表示"x 是好猫",$K(x,y)$ 表示"x 会捉 y",原句可表示为

$$\exists x(C(x) \wedge \forall y(M(y) \rightarrow \neg K(x,y)) \wedge \forall x(C(x) \wedge \forall y(M(y) \rightarrow K(x,y)) \rightarrow G(x))$$

(5)$G(x)$ 表示"x 是金子",$L(x)$ 表示"x 是发亮的",原句可表示为

$$\neg \forall x(L(x) \rightarrow G(x))$$

(6)$M(x)$ 表示"x 是男人", $F(x)$ 表示"x 是女人",$H(x,y)$ 表示"x 比 y 高",原句可表示为

$$\neg \forall x(M(x) \rightarrow \exists y(F(y) \wedge H(x,y))) \wedge \exists x(M(x) \wedge \forall y(F(y) \rightarrow H(x,y)))$$

(7)$M(x)$ 表示"x 是人",$B(x,y)$ 表示"x 相信 y", 原句可表示为

$$\forall x(M(x) \wedge \neg \exists y(M(y) \wedge x \neq y \wedge B(x,y)) \rightarrow \neg \exists y(M(y) \wedge x \neq y \wedge B(y,x)))$$

(8)$C(x)$ 表示"x 是星球",$M(x)$ 表示"x 是人",$A(x)$ 表示"x 是天文学家",E 表示"地球",$H(x,y)$ 表示"x 有 y",$S(x)$ 表示"x 惊讶",原句可表示为

$$\exists x(C(x) \wedge x \neq E \wedge \exists y(M(y) \wedge H(x,y))) \rightarrow \forall x(A(x) \rightarrow \neg S(x))$$

(9)$Q(x,y)$ 表示"x 指向 y",$J(x,y)$ 表示"x 奔向 y",$party$ 表示"党",we 表示"我们",原句可表示为

$$\forall x(Q(party,x) \rightarrow J(we, x))$$

(10)$M(x)$ 表示"x 是人",$K(x)$ 表示"x 游戏人生",$L(x)$ 表示"x 一事无成", $H(x,y)$ 表示"x 主宰 y",$N(x)$ 表示"x 是奴隶",原句可表示为

$$\forall x(M(x) \wedge K(x) \rightarrow L(x)) \wedge \forall x(\neg H(x,x) \rightarrow N(x))$$

习题　2.2

1. 用公式法证明 $P \wedge (P \rightarrow Q) \rightarrow Q$ 为重言式.

证明　原式 $\Leftrightarrow P \wedge (P \rightarrow Q) \rightarrow Q \Leftrightarrow P \wedge (\neg P \vee Q) \rightarrow Q \Leftrightarrow \neg (P \wedge (\neg P \vee Q)) \vee Q \Leftrightarrow$
$\neg (P \wedge Q) \vee Q \Leftrightarrow \neg P \vee \neg Q \vee Q \Leftrightarrow \neg P \vee T \Leftrightarrow T$

2. 用推理规则证明 $A \rightarrow B, (\neg B \vee C) \wedge \neg C, \neg (\neg A \wedge D) \Rightarrow \neg D$.

证明

1	$(\neg B \vee C) \wedge \neg C$	P
2	$\neg B \vee C$	T_1
3	$\neg C$	T_1
4	$\neg (\neg A \wedge D)$	P
5	$A \vee \neg D$	T_4
6	$\neg B$	$T_{1,3}$
7	$A \rightarrow B$	P
8	$\neg A$	$T_{6,7}$
9	$\neg D$	$T_{5,8}$

3. 构造下列推理的证明

(1) 前提:$r \rightarrow \neg q, r \vee s, s \rightarrow \neg q, p \rightarrow q$,结论:$\neg p$.

(2) 前提：$\neg(P \to Q) \to \neg(R \lor S)$，$((Q \to P) \lor \neg S)$，$R$，$S$，结论：$R \leftrightarrow Q$.

证明 (1)

1	$p \to q$	P
2	p	P(附加)
3	q	$T_{1,2}$
4	$s \to \neg q$	P
5	$\neg s$	$T_{3,4}$
6	$r \lor s$	P
7	r	$T_{5,6}$
8	$r \to \neg q$	P
9	$\neg q$	$T_{7,8}$
10	$q \land \neg q$	$T_{3,9}$

由"10"得出矛盾，因此，$\neg p$ 是前提的有效结论.

(2)

1	$(Q \to P) \lor \neg S$	P
2	S	P
3	$Q \to P$	$T_{1,2}$
4	$\neg(P \to Q) \to \neg(R \lor S)$	P
5	R	P
6	$R \lor s$	$T_{2,5}$
7	$R \to Q$	$T_{4,6}$
8	$(P \to Q) \land (Q \to P)$	$T_{,7}$
9	$P \leftrightarrow Q$	T_{8}

4. 试证明 $\forall xA(x) \lor \forall xB(x) \Rightarrow \forall x((A(x) \lor B(x))$.

证明

1	$\forall xA(x) \lor \forall xB(x)$	P
2	$A(c) \lor \forall xB(x)$	US_1
3	$A(c) \lor B(c)$	US_2
4	$\forall x(A(x) \lor B(x))$	UG_3

5. 根据前提，证明下述的结论.

(1) 前提：$\exists xP(x) \to \forall xQ(x)$　　结论：$\forall x(P(x) \to Q(x))$.

(2) 前提：$\forall x(P(x) \lor Q(x))$，$\forall x(Q(x) \to \neg R(x))$，$\forall xR(x)$，结论：$\forall xP(x)$.

证明 (1)

1	$\neg \forall x(P(x) \to Q(x))$	P 附加
2	$\exists x \neg(P(x) \to Q(x))$	E_1
3	$\exists x(P(x) \land \neg Q(x))$	E_2
4	$P(c) \land \neg Q(c)$	ES_3
5	$\exists xP(x)$	EG_4
6	$\exists xP(x) \to \forall xQ(x)$	P

7　$\forall xQ(x)$　　$T_{5,6}$

8　$Q(c)$　　US_7

9　$\neg Q(c)$　　T_4

10　$Q(c) \wedge \neg Q(c)$　　$T_{8,9}$

由“10”得出矛盾，于是 $\forall x(P(x) \to Q(x))$ 是前提的有效结论.

(2)

1　$\forall xR(x)$　　P

2　$R(c)$　　US_1

3　$\forall x(Q(x) \to \neg R(x))$　　P

4　$Q(c) \to \neg R(c)$　　US_3

5　$\neg Q(c)$　　$T_{2,4}$

6　$\forall x(P(x) \vee Q(x))$　　P

7　$P(c) \vee Q(c)$　　US_6

8　$P(c)$　　$T_{5,7}$

9　$\forall xP(x)$　　UG_8

6. 设整数集为个体域，判定下列公式的真值（$*$ 表示数乘运算）.

(1) $\forall x \exists y(x * y = x)$.

(2) $\forall x \exists y(x * y = 1)$.

(3) $\forall x \exists y(x + y = 1)$.

(4) $\exists y \forall x(x * y = x)$.

(5) $\exists y \forall x(x + y = 0)$.

(6) $\forall x \exists y(x + y = 0)$.

解　(1) $\forall x \exists y(x * y = x)$，真.

(2) $\forall x \exists y(x * y = 1)$，假.

(3) $\forall x \exists y(x + y = 1)$，真.

(4) $\exists y \forall x(x * y = x)$，真.

(5) $\exists y \forall x(x + y = 0)$，假.

(6) $\forall x \exists y(x + y = 0)$，真.

7. 证明下列逻辑蕴涵式及逻辑等价式（方法不限）.

(1) $\exists xP(x) \to \forall xQ(x) \Rightarrow \forall x(P(x) \to Q(x))$.

(2) $P(x) \wedge \forall xQ(x) \Rightarrow \exists x(P(x) \wedge Q(x))$.

(3) $\forall x \forall y(P(x) \vee Q(y)) \Leftrightarrow \forall xP(x) \vee \forall yQ(y)$.

(4) $\exists x \exists y(P(x) \wedge Q(y)) \Leftrightarrow \exists xP(x) \wedge \exists yQ(y)$.

(5) $\exists x \exists y(P(x) \to Q(y)) \Leftrightarrow \forall xP(x) \to \exists yQ(y)$.

(6) $\forall x \forall y(P(x) \to Q(y)) \Leftrightarrow \exists xP(x) \to \forall yQ(y)$.

证明　(1) $\exists xP(x) \to \forall xQ(x) \Rightarrow \neg \exists xP(x) \vee \forall xQ(x) \Rightarrow \forall x \neg P(x) \vee \forall xQ(x) \Rightarrow$

$\forall x(\neg P(x) \vee Q(x)) \Rightarrow \forall x(P(x) \to Q(x))$

(2) $P(x) \wedge \forall xQ(x) \Rightarrow P(x) \wedge Q(x) \Rightarrow \exists x(P(x) \wedge Q(x))$.

(3) $\forall x \forall y(P(x) \vee Q(y)) \Leftrightarrow \forall x(P(x) \vee \forall y Q(y)) \Leftrightarrow \forall x P(x) \vee \forall y Q(y)$.

(4) $\exists x \exists y(P(x) \wedge Q(y)) \Leftrightarrow \exists x(P(x) \wedge \exists y Q(y)) \Leftrightarrow \exists x P(x) \wedge \exists y Q(y)$.

(5) $\exists x \exists y(P(x) \to Q(y)) \Leftrightarrow \exists x \exists y(\neg P(x) \vee Q(y)) \Leftrightarrow \exists x(\neg P(x) \vee \exists y Q(y)) \Leftrightarrow$
$\exists x \neg P(x) \vee \exists y Q(y) \Leftrightarrow \neg \forall x P(x) \vee \exists y Q(y) \Leftrightarrow$
$\forall x P(x) \to \exists y Q(y)$

(6) $\forall x \forall y(P(x) \to Q(y)) \Leftrightarrow \forall x \forall y(\neg P(x) \vee Q(y)) \Leftrightarrow \forall x(\neg P(x) \vee \forall y Q(y)) \Leftrightarrow$
$\forall x \neg P(x) \vee \forall y Q(y) \Leftrightarrow \neg \exists x P(x) \vee \forall y Q(y) \Leftrightarrow$
$\exists x P(x) \to \forall y Q(y)$

8. 设个体域 $D=\{d_1, d_2, d_3\}$，试用消去量词的方式证明：当 $A(x)$ 中无自由变元 y，$B(y)$ 中无自由变元 x 时，

$$\forall x \exists y(A(x) \wedge B(y)) \Leftrightarrow \exists y \forall x(A(x) \wedge B(y))$$

证明 $\forall x \exists y(A(x) \wedge B(y)) \Leftrightarrow \forall x((A(x) \wedge B(d_1)) \vee (A(x) \wedge B(d_2)) \vee (A(x) \wedge B(d_3))) \Leftrightarrow$
$((A(d_1) \wedge B(d_1)) \vee (A(d_1) \wedge B(d_2)) \vee (A(d_1) \wedge B(d_3))) \wedge$
$((A(d_2) \wedge B(d_1)) \vee (A(d_2) \wedge B(d_2)) \vee (A(d_2) \wedge B(d_3))) \wedge$
$((A(d_3) \wedge B(d_1)) \vee (A(d_3) \wedge B(d_2)) \vee (A(d_3) \wedge B(d_3))) \Leftrightarrow$
$(A(d_1) \wedge (B(d_1) \vee B(d_2) \vee B(d_3))) \wedge (A(d_2) \wedge (B(d_1) \vee$
$B(d_2) \vee B(d_3))) \wedge (A(d_3) \wedge (B(d_1) \vee B(d_2) \vee B(d_3))) \Leftrightarrow$
$(A(d_1) \wedge A(d_2) \wedge A(d_3)) \wedge (B(d_1) \vee B(d_2) \vee B(d_3))$

$\exists y \forall x(A(x) \wedge B(y)) \Leftrightarrow \exists y((A(d_1) \wedge B(y)) \wedge (A(d_2) \wedge B(y)) \wedge (A(d_3) \wedge B(y))) \Leftrightarrow$
$((A(d_1) \wedge B(d_1)) \wedge (A(d_2) \wedge B(d_1)) \wedge (A(d_3) \wedge B(d_1))) \vee$
$((A(d_1) \wedge B(d_2)) \wedge (A(d_2) \wedge B(d_2)) \wedge (A(d_3) \wedge B(d_2))) \vee$
$((A(d_1) \wedge B(d_3)) \wedge (A(d_2) \wedge B(d_3)) \wedge (A(d_3) \wedge B(d_3))) \Leftrightarrow$
$(A(d_1) \wedge A(d_2) \wedge A(d_3)) \wedge B(d_1)) \vee (A(d_1) \wedge A(d_2) \wedge A(d_3)) \wedge$
$B(d_2)) \vee (A(d_1) \wedge A(d_2) \wedge A(d_3)) \wedge B(d_3)) \Leftrightarrow$
$(A(d_1) \wedge A(d_2) \wedge A(d_3)) \wedge (B(d_1) \vee B(d_2) \vee B(d_3))$

故 $$\forall x \exists y(A(x) \wedge B(y)) \Leftrightarrow \exists y \forall x(A(x) \wedge B(y))$$

习题 2.3

1. 证明下面推理.

(1) 某班每个同学都是学生会成员，有的同学是党员，因此有的学生会成员是党员.

(设 $F(x)$：x 为同学，$R(x)$：x 为学生会成员，$G(x)$：x 是党员)

(2) 教师和辅导员都是学校工作人员，采购员不是学校工作人员，因此采购员既不是教师，也不是辅导员.

(设：$F(x)$：x 为教师，$G(x)$：x 为辅导员，$R(x)$ 为学校工作人员，$H(x)$ 为采购员)

(3) 不存在喜欢数学的文科生，理科生都喜欢数学，因此理科生都不是文科生.

(设：$F(x)$：x 喜欢数学，$H(x)$：x 为理科生，$G(x)$ 为文科生)

证明 (1) 前提：$\forall x(F(x) \to R(x))$，$\exists x(F(x) \wedge G(x))$

结论：$\exists x(R(x) \wedge G(x))$.

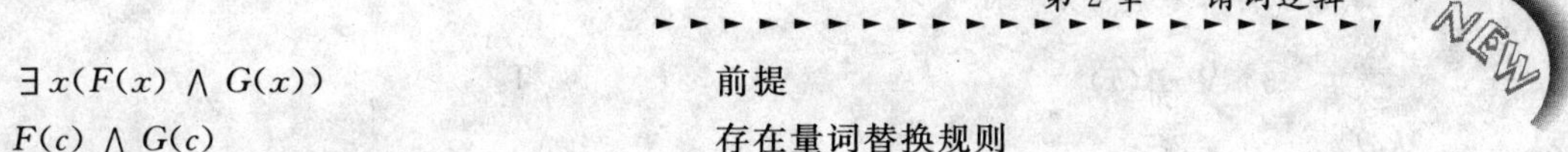

1	$\exists x(F(x) \land G(x))$	前提
2	$F(c) \land G(c)$	存在量词替换规则
3	$F(c)$	
4	$G(c)$	
5	$\forall x(F(x) \to R(x))$	前提
6	$F(c) \to R(c)$	替换
7	$R(c)$	$T_{3,6}$
8	$R(c) \land G(c)$	$T_{4,7}$
9	$\exists x(R(x) \land G(x))$	

(2) 前提：$\forall x((F(x) \lor G(x)) \to R(x)), \forall x(H(x) \to \neg R(x))$；

结论：$\forall x(H(x) \to (\neg F(x) \land \neg G(x)))$.

1	$\forall x((F(x) \lor G(x) \to R(x))$	前提
2	$F(y) \lor G(y)) \to R(y)$	替换
3	$\forall x(H(x) \to \neg R(x))$	前提
4	$H(y) \to \neg R(y)$	替换
5	$\neg R(y) \to \neg (F(y) \lor G(y))$	T_2
6	$H(y) \to \neg (F(y) \lor G(y))$	$T_{4,5}$
7	$H(y) \to (\neg F(y) \land \neg G(y))$	T_6
8	$\forall x(H(x) \to (\neg F(x) \land \neg G(x)))$	

(3) 前提：$\forall x(G(x) \to \neg F(x)), \forall x(H(x) \to F(x))$；结论：$\forall x(H(x) \to \neg G(x))$.

1	$\forall x(H(x) \to F(x))$	前提
2	$H(y) \to F(y)$	替换
3	$\forall x(G(x) \to \neg F(x))$	前提
4	$G(y) \to \neg F(y)$	替换
5	$F(y) \to \neg G(y)$	T_4
6	$H(y) \to \neg G(y)$	$T_{2,5}$
7	$\forall x(H(x) \to \neg G(x))$	T_6

2. 根据前提证明下述结论.

(1) 前提：$\forall x(A(x) \to B(x))$；结论：$\forall x A(x) \to \forall x B(x)$.

(2) 前提：$\forall x(F(x) \lor G(x))$，$\forall x(F(x) \to H(x))$；结论：$\forall x(\neg H(x) \to G(x))$.

(3) 前提：$\forall x(F(x) \to \neg G(x)), \forall x(G(x) \lor H(x)), \exists x \neg H(x)$；结论：$\exists x \neg F(x)$.

(4) 前提：$\forall x(A(x) \to (B(a) \land C(x)))$，$\exists x A(x)$；结论：$\exists x(A(x) \land C(x))$.

证明　(1)

1	$\forall x A(x)$	前提
2	$A(y)$	替换
3	$\forall x(A(x) \to B(x))$	前提
4	$A(y) \to B(y)$	替换
5	$B(y)$	$T_{2,4}$

6	$\forall xB(x)$	T_5

(2)

1	$\forall x(F(x) \vee G(x))$	前提
2	$F(y) \vee G(y)$	替换
3	$\neg F(y) \to G(y)$	T_2
4	$\forall x(F(x) \to H(x))$	前提
5	$F(y) \to H(y)$	替换
6	$\neg F(y) \vee H(y)$	T_5
7	$\neg H(y) \to \neg F(y)$	T_6
8	$\neg H(y) \to G(y)$	$T_{7,3}$
9	$\forall x(\neg H(x) \to G(x))$	T_8

(3)

1	$\exists x \neg H(x)$	前提
2	$\neg H(c)$	替换
3	$\forall x(G(x) \vee H(x))$	前提
4	$G(c) \vee H(c)$	替换
5	$G(c)$	$T_{2,4}$
6	$\forall x(F(x) \to \neg G(x))$	前提
7	$F(c) \to \neg G(c)$	替换
8	$\neg F(c)$	$T_{5,7}$
9	$\forall x \neg F(x)$	T_8

(4)

1	$\exists xA(x)$	前提
2	$A(c)$	T_1
3	$\forall x(A(x) \to (B(a) \wedge (C(x)))$	前提
4	$A(c) \to (B(a) \wedge C(c))$	替换
5	$B(a) \wedge C(c)$	$T_{2,4}$
6	$C(c)$	
7	$A(c) \wedge C(c)$	$T_{2,6}$
8	$\exists x(A(x) \wedge C(x))$	T_6

第 3 章　集　合

一、重点内容提要

集合:一些对象的整体.

元素:组成集合的成员,可以是任意模式.

基数:集合中元素的数量.

有限(无限)集:基数是有限(无限)的集合.

集合的相等:当两个集合有相同的元素时,这两个集合相等.

子集:原集合中部分元素组成的集合.

扩集:相对子集而言的原集合.

全集:所讨论的对象所在的总体.

集合的简单运算:指交、并、补、差运算.

集合的复杂运算:指环和、环积运算.

幂集:由原集合所有子集作为元素构成的新集合.

归纳定义:按照基础条款、归纳条款和极小性条款定义的概念.

归纳证明:按照基础步骤、归纳步骤和极小性条款的证明.

序偶(有序二元组):由两个元素按照固定次序组成的二元数组.

叉乘(笛卡儿乘积):两个集合按次序分别取元素作为第一、第二元素组成的序偶的集合,是集合的复杂运算.

导教·导学·导考

二、知识结构网络图

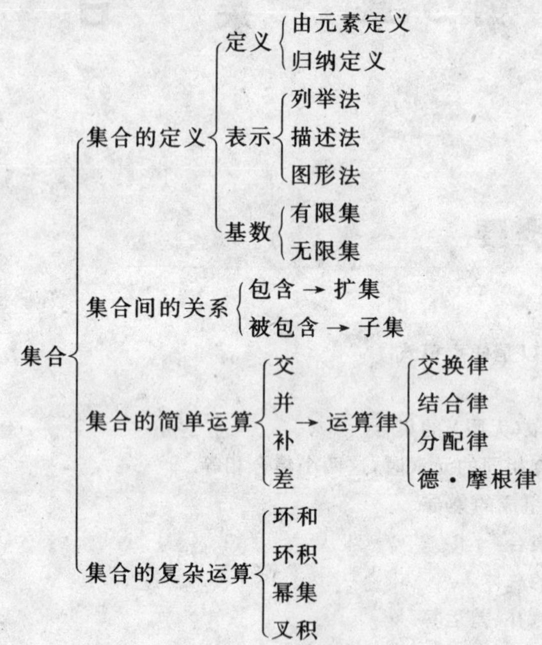

三、基本要求与考核点

1. 集合的概念及组成成分

(1) 熟悉集合、元素、基数的定义.

(2) 熟悉集合、元素的基本表示形式和它们的关系.

2. 集合间的关系

(1) 熟悉集合之间子集、扩集、全集等关系.

(2) 能判断集合的相等、包含、真包含.

3. 集合间的运算

(1) 熟悉集合的交、并、补、差运算.

(2) 能求出命题公式的析取范式、合取范式.

(3) 能进行集合的环和、环积、叉积运算.

(4) 能求出集合的幂集.

4. 集合的归纳定义

(1) 能对集合进行归纳定义.

(2) 能进行归纳证明.

本章的重点：

(1) 集合之间的各种运算.

(2) 集合的归纳定义.

本章的难点：

(1) 环和、环积、叉积与交、并、补、差的综合运算.

(2) 归纳证明.

四、习题详解

习题　3.1

1. 设全集 $E=\{1,2,3,4,5\}$，$A=\{1,2,3\}$，$B=\{2,5\}$，则 $A\cap B=$ ________，$\overline{A}$ ________，$\overline{A}\cup\overline{B}$ ________.

解　　$A\cap B=\{2\}$，　$\overline{A}=\{4,5\}$，　$\overline{A}\cup\overline{B}=\{1,3,4,5\}$

2. 设 A,B,C 是任意集合，证明或否定下列断言.

(1) 若 $A\subseteq B$，且 $B\subseteq C$，则 $A\subseteq C$；

(2) 若 $A\subseteq B$，且 $B\subseteq C$，则 $A\in C$；

(3) 若 $A\in B$，且 $B\in C$，则 $A\in C$；

(4) 若 $A\in B$，且 $B\subseteq C$，则 $A\in C$.

证明

(1) 成立.

对 $\forall x\in A$，因为 $A\subseteq B$，所以 $x\in B$. 又因为 $B\subseteq C$，所以 $x\in C$，即 $A\subseteq C$.

(2) 不成立. 反例如下：$A=\{a\}$，$B=\{a,b\}$，$C=\{a,b,c\}$. 虽然 $A\subseteq B$，且 $B\subseteq C$，但 $A\notin C$.

(3) 不成立. 反例如下：$A=\{a\}$，$B=\{\{a\},b\}$，$C=\{\{\{a\},b\},c\}$. 虽然 $A\in B$，且 $B\in C$，但 $A\notin C$.

(4) 成立. 因为 $A\in B$，所以集合 A 为集合 B 的一个元素，又因为 $B\subseteq C$，所以 $\forall x(x\in A\rightarrow x\in B)$，$A\in C$.

3. 说明下列各命题是否为真，为什么？

(1) 若 $A\cup B=A\cup C$，则 $B=C$.

(2) 若 $A\cap B=A\cap C$，则 $B=C$.

解　(1) 命题不为真. 例如，令 $A=\{1,2\}$，$B=\{1\}$，$C=\{2\}$.

(2) 命题不为真. 例如，令 $A=\varnothing$，$B=\{1\}$，$C=\{2\}$.

4. 设 $A=\{a,\{a\}\}$，下列命题错误的是(　　).

(1) $\{a\}\in\rho(A)$　　(2) $\{a\}\subseteq\rho(A)$　　(3) $\{\{a\}\}\in\rho(A)$　　(4) $\{\{a\}\}\subseteq\rho(A)$

答　(3) $\rho(A)$ 为 A 的幂集 $\rho(A)=\{\varnothing,a,\{a\},\{a,\{a\}\}\}$.

5. 在 0(　　)$\varnothing$ 之间写上正确的符号.

(1) $=$　　(2) $\subseteq$　　(3) $\in$　　(4) $\notin$

答　(4).

6. 设 $P=\{x\mid(x+1)^2\leqslant 4$ 且 $x\in\mathbf{R}\}$，$Q=\{x\mid 5\leqslant x^2+16$ 且 $x\in\mathbf{R}\}$，则下列命题哪个正确？(　　)

(1) $Q\subset P$ (2) $Q\subseteq P$ (3) $P\subset Q$ (4) $P=Q$

答 (3).

7.若 $A-B=\varnothing$,则下列哪个结论不可能正确?( )

(1) $A=\varnothing$ (2) $B=\varnothing$ (3) $A\subset B$ (4) $B\subset A$

答 (4).

8.判断下列命题哪个为真?( )

(1) $A-B=B-A\Rightarrow A=B$. (2) 空集是任何集合的真子集.

(3) 空集只是非空集合的子集. (4) 若 A 的一个元素属于 B,则 $A=B$.

答(1).

9.判断下列命题哪几个为正确?( )

(1) $\{\varnothing\}\in\{\varnothing,\{\{\varnothing\}\}\}$ (2) $\{\varnothing\}\subseteq\{\varnothing,\{\{\varnothing\}\}\}$ (3)$\varnothing\in\{\{\varnothing\}\}$

(4)$\varnothing\subseteq\{\varnothing\}$ (5) $\{a,b\}\in\{a,b,\{a\},\{b\}\}$

答 (2),(4).

习题 3.2

1.判断下列命题哪几个正确?( )

(1) 若 $A\cup B=A\cup C$,则 $B=C$.

(2) $\{a,b\}=\{b,a\}$.

(3) $\rho(A\cap B)\neq\rho(A)\cap\rho(B)$ ($\rho(S)$ 表示 S 的幂集).

(4) 若 A 为非空集,则 $A\neq A\cup A$ 成立.

答 (2).

2. 设 $A=\{x\mid 3<x<5,x\in\mathbf{R}\}$,$B=\{x\mid x>4,x\in\mathbf{R}\}$,求 $A\cup B$,$A-B$,$A\oplus B$.

解 $A\cup B=\{x\mid x>3,x\in\mathbf{R}\}$, $A-B=\{x\mid 3<x\leqslant 4,x\in\mathbf{R}\}$

$$A\oplus B=\{x\mid 3<x\leqslant 4\vee x\geqslant 5,x\in\mathbf{R}\}$$

3. 化简下列集合表达式

(1)$((A\cup B)\cap B)-(A\cup B)$;(2)$((A\cup B\cup C)-(B\cup C))\cup A$.

解 (1) 原式 $=B-(A\cup B)=\varnothing$.

(2) 原式 $=((A\cup B\cup C)\cap\overline{B\cup C})\cup A=(A\cup B\cup C)\cap(A\cup\overline{B\cup C})=$

$A\cup((B\cup C)\cap\overline{B\cup C})=A$

4.如果 $A\cup B=A\cup C$,$\overline{A}\cup B=\overline{A}\cup C$,求征 $C=B$.

证明 $B=B\cup(\overline{A}\cap A)=(B\cup\overline{A})\cap(B\cup A)=(C\cup\overline{A})\cap(C\cup A)=C\cup(\overline{A}\cap A)=C$.

5.求证 $A\cup B=A\cup(B-A)$.

证明 $A\cup(B-A)=A\cup(B\cap\overline{A})=(A\cup B)\cap(A\cup\overline{A})=(A\cup B)\cap U=A\cup B$.

6.求证 $A=B\Leftrightarrow A\oplus B=\varnothing$.

证明 充分性:设 $A=B$,则 $A\oplus B=(A-B)\cup(B-A)=\varnothing\cup\varnothing=\varnothing$.

必要性:设 $A\oplus B=\varnothing$,则 $A\oplus B=(A-B)\cup(B-A)=\varnothing$.故 $A-B=\varnothing$,$B-A=\varnothing$,从而 $A\subseteq B$,$B\subseteq A$,故 $A=B$.

7.设全集 $U=\{a,b,c,d,e\}$,$A=\{a,d\}$,$B=\{a,b,c\}$,$C=\{b,d\}$.求下列各集合.

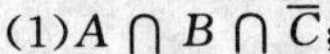

(1)$A \cap B \cap \overline{C}$；

(2)$\overline{A \cap B \cap C}$；

(3)$(A \cap \overline{B}) \cup C$；

(4)$\rho(A) - \rho(B)$；

(5)$(A - B) \cup (B - C)$；

(6)$(A \oplus B) \cap C$；

解

(1) $A \cap B \cap \overline{C} = \{a\}$；

(2) $\overline{A \cap B \cap C} = \{a, b, c, d, e\}$；

(3) $(A \cap \overline{B}) \cup C = \{b, d\}$；

(4) $\rho(A) - \rho(B) = \{\{d\}, \{a, d\}\}$；

(5) $(A - B) \cup (B - C) = \{d, c, a\}$；

(6) $(A \oplus B) \cap C = \{b, d\}$.

8. 对任意集合 A, B, C，证明下列各式.

(1) $A - (B \cup C) = (A - B) - C = (A - C) - B$；

(2)$(A \cap B) - C = A \cap (B - C) = (A - C) \cap B$；

(3)$(A - B) - C = A - (B - C)$，当且仅当 $A \cap C = \varnothing$.

证明 (1)$A - (B \cup C) = A \cap \overline{(B \cup C)} = A \cap \overline{B} \cap \overline{C} = (A - B) \cap \overline{C} = (A - B) - C$.

$$A - (B \cup C) = A \cap \overline{(B \cup C)} = A \cap \overline{B} \cap \overline{C} = A \cap \overline{C} \cap \overline{B} = (A - C) \cap \overline{B} = (A - C) - B$$

故
$$A - (B \cup C) = (A - B) - C = (A - C) - B$$

(2)
$$(A \cap B) - C = A \cap B \cap \overline{C} = A \cap (B \cap \overline{C}) = A \cap (B - C)$$
$$(A \cap B) - C = A \cap B \cap \overline{C} = A \cap \overline{C} \cap B = (A - C) \cap B$$

故
$$(A \cap B) - C = A \cap (B - C) = (A - C) \cap B$$

(3) ⅰ) 设$(A - B) - C = A - (B - C)$成立，为证 $A \cap C = \varnothing$，反设有 $x \in A \cap C$，则 $x \in A$ 且 $x \in C$.

而
$$(A - B) - C = A \cap \overline{B} \cap \overline{C}$$

所以 $x \notin A \cap \overline{B} \cap \overline{C}$，从而 $x \notin (A - B) - C$.

$$A - (B - C) = A \cap (\overline{B \cap \overline{C}}) = A \cap (\overline{B} \cup \overline{B}) \cup (A \cap C)$$

由假设 $x \in A \cap C$，则
$$x \in (A \cap \overline{B}) \cup (A \cap C)$$

从而 $x \in A - (B - C)$.

这与$(A - B) - C = A - (B - C)$ 矛盾，所以假设不成立，故 $A \cap C = \varnothing$ 得证.

ⅱ) 设 $A \cap C = \varnothing$，此时设 x 为 A 中的任意一个元素，即 $x \in A$，则 $x \notin C$，所以 $A - C = A$，那么

$$(A - B) - C = (A - B) \cap \overline{C} = A \cap \overline{B} \cap \overline{C} = A \cap \overline{C} \cap \overline{B} = (A - C) \cap \overline{B} = A \cap \overline{B}$$
$$A - (B - C) = A \cap (\overline{B \cap \overline{C}}) = A \cap (\overline{B} \cup C) = (A \cap \overline{B}) \cup (A \cap C) = A \cap \overline{B}$$

所以在 $A \cap C = \varnothing$ 时，$(A - B) - C = A - (B - C)$.

综合 ⅰ)、ⅱ)，$(A - B) - C = A - (B - C)$，当且仅当 $A \cap C = \varnothing$，得证.

9. 对任意集合 A, B, C，证明下列各式.

(1)$A\oplus A\oplus B=B$；

(2)$(A-B)\oplus B=A\cup B$；

(3)$(A\otimes B)\cup C=(A\cup C)\otimes(B\cup C)$；

(4)$(A\oplus B)\cap C=(A\cap C)\oplus(B\cap C)$；

(5)$(A\oplus B)-C=(A-C)\oplus(B-C)$；

(6)$A\cup B=A\oplus(B\oplus(A\cap B))$.

证明　(1)$A\oplus A\oplus B=\varnothing\oplus B=(\varnothing-B)\cup(B-\varnothing)=B$.

(2)　$(A-B)\oplus B=(A\cap\overline{B})\oplus B=(A\cap\overline{B}-B)\cup(B-A\cap\overline{B})=(A\cap\overline{B})\cup B=$

$(A\cup B)\cap(\overline{B}\cup B)=A\cup B$

(3)$(A\otimes B)\cup C=\overline{A\oplus B}\cup C=\overline{(A-B)\cup(B-A)}\cup C=\overline{(A\cap\overline{B})\cup(B\cap\overline{A})}\cup C=$

$\overline{A\cap\overline{B}}\cap\overline{B\cap\overline{A}}\cup C=(\overline{A}\cup B)\cap(\overline{B}\cup A)\cup C=(\overline{A}\cap\overline{B})\cup(A\cap B)\cup C$

$(A\cup C)\otimes(B\cup C)=\overline{(A\cup C)\oplus(B\cup C)}=\overline{((A\cup C)-(B\cup C))\cup((B\cup C)-(A\cup C))}=$

$\overline{(A\cup C)-(B\cup C)}\cap\overline{(B\cup C)-(A\cup C)}=$

$\overline{(A\cup C)\cap\overline{(B\cup C)}}\cap\overline{(B\cup C)\cap\overline{(A\cup C)}}=$

$(\overline{(A\cup C)}\cup(B\cup C))\cap(\overline{(B\cup C)}\cup(A\cup C))=$

$(\overline{A}\cap\overline{B}\cap\overline{C})\cup(A\cap B)\cup C=(\overline{A}\cap\overline{B}\cap\overline{C})\cup C\cup(A\cap B)=$

$((\overline{A}\cap\overline{B})\cup C)\cap(\overline{C}\cup C)\cup(A\cap B)=(\overline{A}\cap\overline{B})\cup C\cup(A\cap B)$

所以有$(A\otimes B)\cup C=(A\cup C)\otimes(B\cup C)$.

(4)$(A\cap C)\oplus(B\cap C)=((A\cap C)-(B\cap C))\cup((B\cap C)-(A\cap C))=$

$(A\cap C\cap(\overline{B}\cup\overline{C}))\cup(B\cap C\cap(\overline{A}\cup\overline{C}))=$

$(A\cap C\cap\overline{B})\cup(A\cap C\cap\overline{C})\cup(B\cap C\cap\overline{A})\cup(B\cap C\cap\overline{C})=$

$(A\cap C\cap\overline{B})\cup(B\cap C\cap\overline{A})=((A\cap\overline{B})\cup(\overline{A}\cap B))\cap C=$

$((A-B)\cup(B-A))\cap C=(A\oplus B)\cap C$

所以有$(A\oplus B)\cap C=(A\cap C)\oplus(B\cap C)$.

(5)$(A\oplus B)-C=(A\cap\overline{B})\cup(\overline{A}\cap B)\cap\overline{C}=((A\cap\overline{B})\cap\overline{C})\cup((\overline{A}\cap B)\cap\overline{C})=$

$(A\cap\overline{B}\cap\overline{C})\cup(\overline{A}\cap B\cap\overline{C})$

$(A-C)\oplus(B-C)=((A-C)-(B-C))\cup((B-C)-(A-C))=$

$(A\cap\overline{C}\cap(B-C)-)\cup(B\cap\overline{C}\cap\overline{(A-B)})=$

$(A\cap\overline{C}\cap(\overline{B}\cup C))\cup(B\cup\overline{C}\cap(\overline{A}\cup C))=$

$(A\cap\overline{C}\cap\overline{B})\cup(A\cap\overline{C}\cap C)\cup(B\cap\overline{C}\cap\overline{A})\cup(B\cap\overline{C}\cap C)=$

$(A\cap\overline{C}\cap\overline{B})\cup(B\cap\overline{C}\cap\overline{A})$

所以有$(A\oplus B)-C=(A\cap\overline{C}\cap\overline{B})\cup(B\cap\overline{C}\cap\overline{A})$.

(6)$A\oplus(B\oplus(A\cap B))=A\oplus((B-A\cap B)\cup(A\cap B-B)=$

$A\oplus((B\cap\overline{(A\cap B)})\cup(A\cap B\cap\overline{B}))=A\oplus(B\cap(\overline{A}\cup\overline{B}))=$

$A\oplus(\overline{A}\cap B)=(A-\overline{A}\cap B)\cup(\overline{A}\cap B-A)=$

$(A\cap(A\cup\overline{B}))\cup(\overline{A}\cap B\cap\overline{A})=A\cup(A\cap\overline{B})\cup(\overline{A}\cap B)=$

$(A\cup)\cap(A\cup B)\cup(A\cap\overline{B})=(A\cup B)\cup(A\cap\overline{B})=$

$(A\cup B\cup A)\cap(A\cup B\cap\overline{B})=A\cup B$

所以有 $A \cup B = A \oplus (B \oplus (A \cap B))$.

10. 设 $A = \{a,b,c\}$, $B = \{a,b\}$, 则 $\rho(A) - \rho(B) =$ ________, $\rho(B) - \rho(A) =$ ____.

解 $\{\{c\},\{a,c\},\{b,c\},\{a,b,c\}\}$ $\varnothing$

11. 设全集为自然数集 **N**, $A = \{x \mid x$ 为小于 8 的质数$\}$, $B = \{x \mid x \leqslant 30 \wedge x$ 能被 3 整除$\}$, $C = \{2^x \mid 1 \leqslant x \leqslant 5\}$, $D = \{x^2 \mid 1 \leqslant x \leqslant 3\}$, 求 $B-(A \cup C)$, $(\overline{A} \cap B) \cup D$.

解
$$B-(A \cup C) = \{6,9,12,15,18,21,24,27,30\}$$
$$(\overline{A} \cap B) \cup D = \{1,4,6,9,12,15,18,21,24,27,30\}$$

12. 设全集 $U = \{a,b,c,d,e\}$, $A = \{a,d\}$, $B = \{a,b,c\}$, $C = \{b,d\}$. 求下列各集合.

(1) $A \cap B \cap \overline{C}$; (2) $\overline{A \cap B \cap C}$; (3) $(A \cap \overline{B}) \cup C$;

(4) $\rho(A) - \rho(B)$; (5) $(A-B) \cup (B-C)$; (6) $(A \oplus B) \cap C$.

解 (1) $A \cap B \cap \overline{C} = \{a\}$; (2) $\overline{A \cap B \cap C} = \{a,b,c,d,e\}$;

(3) $(A \cap \overline{B}) \cup C = \{b,d\}$; (4) $\rho(A) - \rho(B) = \{\{d\},\{a,d\}\}$;

(5) $(A-B) \cup (B-C) = \{d,c,a\}$; (6) $(A \oplus B) \cap C = \{b,d\}$.

13. 若集合 S 的基数 $|S| = 5$, 则 S 的幂集的基数 $|\rho(S)| =$ ( ).

答 32

14. 设 $A \cap B = A \cap C$, $\overline{A} \cap B = \overline{A} \cap C$, 则 B( )C.

答 =

习题 3.3

1. 令 $\Sigma = \{a,b\}$, 归纳定义 Σ^* ($\Sigma^* = \Sigma^+ \cup \{\lambda\}$).

解 (1) 基础条款: $\Sigma \subseteq \Sigma^*$, $\lambda \in \Sigma^*$.

(2) 归纳条款: 如果 $x \in \Sigma, y \in \Sigma^*$, 则 $xy \in \Sigma^*$.

(3) 极小性条款: 除有限次使用(1)、(2) 条款确定的元素外, Σ^* 中没有别的元素.

2. 令 $\Sigma = \{a,b,c\}$, 归纳定义:

(1) $L \subseteq \Sigma^*$, 使 L 中所有字里都有字 ab 的出现, 且所有含字 ab 的字全在 L 中.

(2) $L \subseteq \Sigma^*$, 使 L 中所有字里都含有字符 a 和 b, 且所有含字符 a, b 的字全在 L 中.

解 (1) ⅰ) 基础条款: $ab \in L$.

ⅱ) 归纳条款: 如果 $x \in \Sigma, y \in L$, 则 $xy \in L, yx \in L$.

ⅲ) 极小性条款: 除有限次使用(1)、(2) 条款确定的元素外, L 中没有别的元素.

(2) ⅰ) 基础条款: $ab \in L, ba \in L$.

ⅱ) 归纳条款: 如果 $x \in \Sigma, y \in L, y = w_1 w_2$ 则 $w_1 x w_2 \in L, x w_1 w_2 \in L, w_1 w_2 x \in L$.

ⅲ) 极小性条款: 除有限次使用(1)、(2) 条款确定的元素外, L 中没有别的元素.

3. 归纳定义下列集合.

(1) 十进制无符号整数集合, 非零数不得以 0 为字头;

(2) 十进制非负有穷小数;

(3) 全体十进制有理数;

(4) 二进制形式的非负偶数, 非零数不得以 0 为字头.

解 (1) 设 **Z** 表示十进制无符号整数集合, 其归纳定义如下:

ⅰ) 基础条款：$\{0,1,2,3,4,5,6,7,8,9\} \subseteq \mathbf{Z}$.

ⅱ) 归纳条款：如果 $x \in I$ 且 $x \neq 0, y \in I$，则 $xy \in \mathbf{Z}$.

ⅲ) 极小性条款：除有限次使用(1)、(2) 条款确定的元素外，I 中没有别的元素.

(2) 设 R 表示十进制非负有穷小数集合，$D = \{0,1,2,3,4,5,6,7,8,9\}$，其归纳定义如下：

ⅰ) 基础条款：若 $a \in D$，则 $a \in R$.

ⅱ) 归纳条款：若 $x \in R$，$a \in D$，则 $ax \in R$，$xa \in R$.

ⅲ) 极小性条款：除有限次使用(1)、(2) 条款确定的元素外，R 中没有别的元素.

(3) 设 $\mathbf{Q}$ 表示全体十进制有理数集合，其归纳定义如下：

ⅰ) 基础条款：$\mathbf{Z} \subseteq Q$ ($\mathbf{Z}$ 为整数集)

ⅱ) 归纳条款：如果 $x \in \mathbf{Q}, y \in \mathbf{Q}$ 且 $y \neq 0$，则 $x/y \in \mathbf{Q}$.

ⅲ) 极小性条款：除有限次使用(1)、(2) 条款确定的元素外，$\mathbf{Q}$ 中没有别的元素.

(4) 设 R 表示二进制形式的非负偶数，非零数不得以 0 为字头的集合. 其归纳定义如下：

ⅰ) 基础条款：$0 \in R$，$10 \in R$.

ⅱ) 归纳条款：若 $x, y \in R$，则 $1x \in R$，$x \neq 0$ 时，$xy \in R$.

ⅲ) 极小性条款：除有限次使用(1)、(2) 条款确定的元素外，R 中没有别的元素.

4. 回忆命题公式的定义(公式中括号不省略). 现将公式中命题变元、命题常元和连接词全部删去，所留下的括号串称为成形括号串.

(1) 归纳定义成形括号串集合(假定它含有空括号串 l).

(2) 证明：成形括号串中左括号数等于右括号数.

(3) 证明：成形括号串的字头中，左括号数不少于右括号数.

解　(1) 设 R 表示成形括号串集合，其归纳定义如下(为了明晰，用[ ]代替( ))：

ⅰ) 基础条款：$\lambda \in R$.

ⅱ) 归纳条款：如果 $x, y \in R$，则$[x] \in R, xy \in R$.

ⅲ) 终极条款：除有限次使用(1)、(2) 条款确定的元素外，R 中没有别的元素.

(2) 设 $L(x), R(x)$ 分别表示成形括号串 x 中的左、右括号数.

ⅰ) 基础：$L(\lambda) = R(\lambda) = 0$，命题成立.

ⅱ) 归纳：设 $L(x) = R(x), L(y) = R(y)$，则

$$L([x]) = L(x) + 1 = R(x) + 1 = R([x])$$

$$L(xy) = L(x) + L(y) = R(x) + R(y) = R(xy)$$

因此对一切成形括号串 x，有 $L(x) = R(x)$.

(3) ⅰ) 基础：空成形括号串的字头的左括号数不少于右括号数无义地真.

ⅱ) 归纳：设成形括号串 x, y 的字头中左括号数大于或等于右括号数，则$[x]$ 的字头或是[，或是[毗连 x 的字头，而 x 的字头中左括号数大于或等于右括号数，因此$[x]$ 的字头中左括号数大于或等于右括号数. 又 xy 的字头集合中包括 x 的字头以及 x 与 y 的字头毗连而成的字头. 因为 x, y 的字头中左括号数大于或等于右括号数，而 x 中左括号数等于右括号数，因此 xy 的字头的左括号数大于或等于右括号数.

归纳完成，命题得证.

5. 用归纳法证明：对任意正整数 n 有 $(1 + 2 + \cdots + n)^2 = 1^3 + 2^3 + \cdots + n^3$.

证明　ⅰ) 基础：当 $n = 1$ 时，$1^2 = 1^3 = 1$.

ⅱ）归纳：设当 $n=k$ 时，

$$(1+2+\cdots+k)^2=1^3+2^3+\cdots+k^3$$

那么当 $n=k+1$ 时，

$$\begin{aligned}(1+2+\cdots+k+k+1)^2=&(1+2+\cdots+k)2^2+(k+1)^2+2(1+2+\cdots+k)(k+1)=\\&1^3+2^3+\cdots+k^3+(k+1)^3+k(k+1)^2=\\&1^3+2^3+\cdots+k^3+(k+1)^3\end{aligned}$$

归纳完成，命题得证.

6.用归纳法证明：当 $|A|=n$ 时，$|\rho(A)|=2^n$.

证明　ⅰ）基础：当 $n=0$ 时，$A=\varnothing$，则 $\rho(\varnothing)=\{\varnothing\}$，$|\rho(\varnothing)|=1=2^0$.

ⅱ）归纳：设当 $n=k$ 时，$|\rho(A)|=2^k$.

当 $|A|=n=k+1$ 时，设元素为 $x_1,x_2,\cdots,x_k,x_{k+1}$，则 $x_1,x_2,\cdots,x_k$，这 k 个元素可组成 2^k 个 A 的子集，而第 $k+1$ 个元素可与这 2^k 个子集合组成另外 2^k 个 A 的子集，因此 A 的子集共有 2^k+2^k，即 $|\rho(A)|=2^k+2^k=2^{k+1}$.

归纳完成，命题得证.

7.试判断 n 为何自然数时有 $2^n\geqslant n^2$，并用归纳法证明其结论.

解　$n\geqslant 4$ 时有 $2^n\geqslant n^2$，下面用归纳法证明.

ⅰ）基础：当 $n=4$ 时，$2^4\geqslant 4^2$.

ⅱ）归纳：设当 $n=k$ 时，$2^k\geqslant k^2$.

当 $n=k+1$ 时，$2^{k+1}=2^k+2^k$. 由假设知道 $2^k\geqslant k^2$，当 $n\geqslant 4$ 时，$k^2-2k-1\geqslant 0$，即 $k^2\geqslant 2k+1$，因此当 $n\geqslant 4$ 时有 $2^k\geqslant k^2\geqslant 2k+1$.

于是

$$2^{k+1}=2^k+2^k\geqslant k^2+2k+1=(k+1)^2$$

归纳完毕，命题得证.

习题　3.4

1. 设集合 $A=\{1,2\}$，$B=\{a,b,c\}$，$C=\{c,d\}$，则 $A\times(B\cap C)=($　　$)$.

(A) $\{\langle c,1\rangle,\langle 2,c\rangle\}$　　(B) $\{\langle 1,c\rangle,\langle 2,c\rangle\}$　　(C) $\{\langle c,1\rangle,\langle c,2\rangle\}$　　(D) $\{\langle 1,c\rangle,\langle c,2\rangle\}$

解　(B)

2. 设 $A=\{a,b\}$，$B=\{1,2,3\}$，$C=\{3,4\}$，求 $A\times(B\cap C)$，$(A\times B)\cap(A\times C)$.

解

$$A\times B(B\cap C)=\{\langle a,3\rangle,\langle b,3\rangle\}$$

$$(A\times B)\cap(A\times C)=\{\langle a,3\rangle,\langle b,3\rangle\}$$

3.对任意集合 A,B，证明：若 $A\neq\varnothing$，$A\times B=A\times C$，则 $B=C$.

证明

若 $B=\varnothing$，则 $A\times B=\varnothing$. 从而 $A\times C=\varnothing$. 因为 $A\neq\varnothing$，所以 $C=\varnothing$，即 $B=C$.

若 $B\neq\varnothing$，则 $A\times B\neq\varnothing$，从而 $A\times C\neq\varnothing$.

对 $\forall x\in B$，因为 $A=\varnothing$，所以存在 $y\in A$，使 $\langle y,x\rangle\in A\times B$. 因为 $A\times B=A\times C$，则 $\langle y,x\rangle\in A\times C$，从而 $x\in C$，故 $B\subseteq C$.

同理可证，$C\subseteq B$，故 $B=C$.

4.设 $A=\{a,b\}$，$B=\{c\}$. 求下列集合.

(1) $A\times\{0,1\}\times B$;　(2) $B^2\times A$;　(3) $(A\times B)^2$;　(4) $\rho(A)\times A$.

解

(1) $A\times\{0,1\}\times B=\{\langle a,0,c\rangle,\langle a,1,c\rangle,\langle b,0,c\rangle,\langle b,1,c\rangle\}$;

(2) $B^2\times A=\{\langle c,c,a\rangle,\langle c,c,b\rangle\}$;

(3) $(A\times B)^2=\{\langle a,c,a,c\rangle,\langle a,c,b,c\rangle,\langle b,c,a,c\rangle,\langle b,c,b,c\rangle\}$;

(4) $\rho(A)\times A=\{\langle\varnothing,a\rangle,\langle\varnothing,b\rangle,\langle\{a\},a\rangle,\langle\{a\},b\rangle,\langle\{b\},a\rangle,\langle\{b\},b\rangle,\langle A,a\rangle,\langle A,b\rangle\}$.

5. 对任意集合 A,B,证明:若 $A\times A=B\times B$,则 $A=B$.

证明

若 $B=\varnothing$,则 $B\times B=\varnothing$. 从而 $A\times A=\varnothing$. 故 $A=\varnothing$. 从而 $B=A$.

若 $B\neq\varnothing$,则 $B\times B\neq\varnothing$. 从而 $A\times A\neq\varnothing$.

对 $\forall x\in B$, $\langle x,x\rangle\in B\times B$. 因为 $A\times A=B\times B$,则 $\langle x,x\rangle\in A\times A$,从而 $x\in A$. 故 $B\subseteq A$.

同理可证,$A\subseteq B$,故 $B=A$.

第 4 章　二元关系

一、重点内容提要

二元关系：两个集合叉积得到的序偶的子集.

n 元关系：n 个集合叉积得到的 n 元组的子集.

空(全域) 关系：最少(最多) 序偶的关系.

关系的表示方法：集合列举法(写出每一个序偶)、集合描述法(描述序偶中元素的关系属性)、二维表格法、关系图形法、矩阵表示法.

关系的简单运算：关系是集合，所以集合的简单运算交、并、补、差关系同样存在.

关系矩阵：行、列对应集合的元素，交叉位置用 1,0 表示相对应序偶存在或不存在.

关系的复杂运算：逆运算、合成运算、幂运算、闭包运算.

偏序关系：具有自反的，反对称的和传递的性质的关系.

哈斯图：描述偏序关系中元素层次的关系图.

哈斯图中的特殊元素：最大(小) 元素、极大(小) 元素、上(下) 界元素.

拟序关系：传递的和反自反的的二元关系.

线序(链)：任何两个元素都能比较出先后次序的偏序关系.

良序：每一个非空子集都有一个最小元素的线序.

等价关系：具有自反的、对称的和传递的的关系.

模 k 等价：常用的等价关系，指整数 a,b 的差是正整数 k 的整数倍的关系.

集合的划分：利用等价关系对集合元素划分块的方案.

秩：不同划分块的数量.

商集：由划分块构成的集合.

二、知识结构网络图

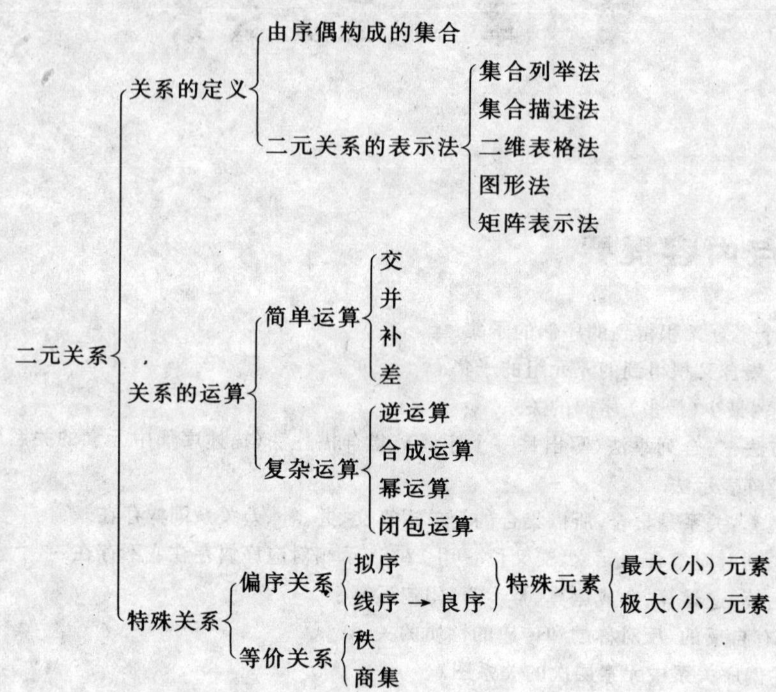

三、基本要求与考核点

1.关系的概念及表示法

(1)熟悉关系的定义,能构造多种基数的关系.

(2)熟悉关系的集合、关系图、关系矩阵三种表示法.

2.关系的运算

(1)熟悉关系按照集合进行的交、并、补、差运算.

(2)能求关系逆运算、合成运算、幂运算、闭包运算.

(3)能用关系的集合、关系矩阵两种形式进行上述运算.

3.偏序关系

(1)熟悉偏序关系的定义.

(2)能画出偏序关系的哈斯图.

(3)能由哈斯图求出偏序的最大(小)元素、极大(小)元素、上(下)界元素.

(4)了解特殊的偏序关系.

4. 等价关系

(1)熟悉等价关系的三个性质.

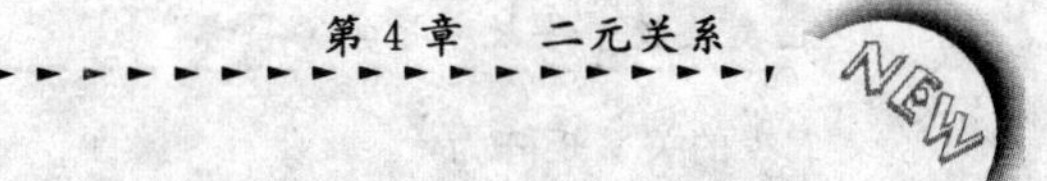

(2) 能求出关系的三个闭包.

(3) 能利用等价关系划分集合、求出商集.

(4) 能利用集合的划分求出等价关系.

本章的重点：

(1) 关系的逆运算、合成运算、幂运算、闭包运算.

(2) 偏序关系、等价关系的判定，在关系图和矩阵表示时的特征.

本章的难点：

(1) 关系的合成、闭包运算.

(2) 等价关系与划分块的互相诱导.

四、习题详解

习题 4.1

1. 设 R_1, R_2 都是集合 $A=\{1,2,3,4\}$ 上的二元关系，其中

$R_1=\{\langle 1,1\rangle,\langle 1,2\rangle,\langle 2,4\rangle\}$，$R_2=\{\langle 1,4\rangle,\langle 2,3\rangle,\langle 2,4\rangle,\langle 3,2\rangle\}$，则 $R_1\circ R_2$ ________.

解 $\{\langle 1,4\rangle,\langle 1,3\rangle\}$

2. 列出下列二元关系的所有元素.

(1) $A=\{0,1,2\}$，$B=\{0,2,4\}$，$R=\{\langle x,y\rangle \mid x,y\in A\cap B\}$；

(2) $A=\{1,2,3,4,5\}$，$B=\{1,2\}$，$R=\{\langle x,y\rangle \mid 2\leqslant x+y\leqslant 4$ 且 $x\in A$ 且 $y\in B\}$；

(3) $A=\{1,2,3\}$，$B=\{-3,-2,-1,0,1\}$，$R=\{\langle x,y\rangle \mid |x|=|y|$ 且 $x\in A$ 且 $y\in B\}$.

解

(1) $R=\{\langle 0,0\rangle,\langle 0,2\rangle,\langle 2,0\rangle,\langle 2,2\rangle\}$；

(2) $R=\{\langle 1,1\rangle,\langle 1,2\rangle,\langle 2,1\rangle,\langle 2,2\rangle,\langle 3,1\rangle\}$；

(3) $R=\{\langle 1,1\rangle,\langle 1,-1\rangle,\langle 2,-2\rangle,\langle 3,-3\rangle\}$.

3. 设 $A=\{1,2,3,4,5,6\}$，$B=\{1,2,3\}$，从 A 到 B 的关系 $R=\{\langle x,y\rangle \mid x=y^2\}$，求(1) R；(2) R^{-1}.

答 (1) $R=\{\langle 1,1\rangle,\langle 4,2\rangle\}$，(2) $R^{-1}=\{\langle 1,1\rangle,\langle 2,4\rangle\}$.

4. 设 $A=\{1,2,3,4,5,6\}$，$B=\{1,2,3\}$，从 A 到 B 的关系 $R=\{\langle x,y\rangle \mid x=y^2\}$，求 R 和 R^{-1} 的关系矩阵.

答 R 的关系矩阵为

$$\boldsymbol{M}_R=\begin{bmatrix}1&0&0\\0&0&0\\0&0&0\\0&1&0\\0&0&0\\0&0&0\end{bmatrix}$$

R^{-1} 的关系矩阵为

$$M_{R^{-1}} = \begin{bmatrix} 1 & 0 & 0 & 0 & 0 & 0 \\ 0 & 0 & 0 & 1 & 0 & 0 \\ 0 & 0 & 0 & 0 & 0 & 0 \end{bmatrix}$$

5. 设 $A = \{1,2,3\}$，写出图 4.14 所示（见教材）关系的关系矩阵，并讨论它们的性质.

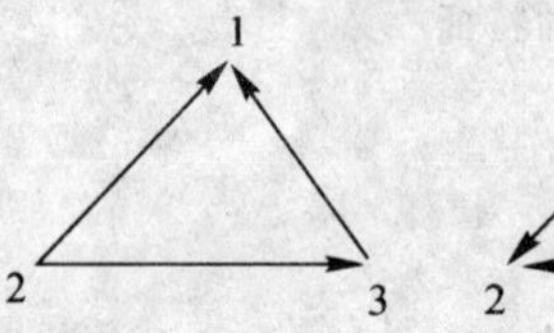

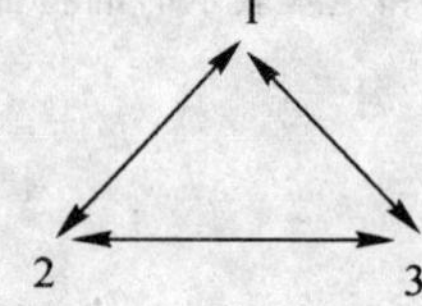

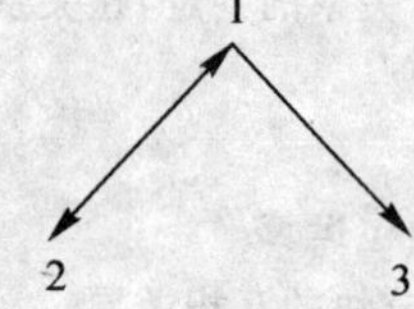

图 4.14 （见教材）

解

(1)$R = \{\langle 2,1\rangle, \langle 3,1\rangle, \langle 2,3\rangle\}$， $M_R = \begin{pmatrix} 0 & 0 & 0 \\ 1 & 0 & 1 \\ 1 & 0 & 0 \end{pmatrix}$.

它是反自反的、反对称的、传递的.

(2)$R = \{\langle 1,2\rangle, \langle 2,1\rangle, \langle 1,3\rangle, \langle 3,1\rangle, \langle 2,3\rangle, \langle 3,2\rangle\}$， $M_R = \begin{pmatrix} 0 & 1 & 1 \\ 1 & 0 & 1 \\ 1 & 1 & 0 \end{pmatrix}$.

它是反自反的、对称的.

(3)$R = \{\langle 1,2\rangle, \langle 2,1\rangle, \langle 1,3\rangle\}$， $M_R = \begin{pmatrix} 0 & 1 & 1 \\ 1 & 0 & 0 \\ 0 & 0 & 1 \end{pmatrix}$.

它既不是自反的、反自反的，也不是对称的、反对称的、传递的.

6. 集合 $A = \{1,2,\cdots,10\}$ 上的关系 $R = \{\langle x,y\rangle \mid x + y = 10, x, y \in A\}$，则 R 的性质为（　　）.

(1) 自反的　　(2) 对称的　　(3) 传递的，对称的　　(4) 传递的

答　(2)

习题　4.2

1. 设 $A = \{1,2,3,4,5,6\}$，R 是 A 上的整除关系，求 R.

答　$R = \{\langle 1,1\rangle, \langle 2,2\rangle, \langle 3,3\rangle, \langle 4,4\rangle, \langle 5,5\rangle, \langle 6,6\rangle, \langle 1,2\rangle, \langle 1,3\rangle, \langle 1,4\rangle, \langle 1,5\rangle, \langle 1,6\rangle, \langle 2,4\rangle, \langle 2,6\rangle, \langle 3,6\rangle\}$.

2. 设集合 $A = \{1,2,3,4\}$，A 上的二元关系 R

$$R = \{\langle a,b\rangle \mid b = a + 2\}, S = \{\langle a,b\rangle \mid b = a + 1 \lor b = a/2\}$$

求(1)$R \circ S, S \circ R$　　(2)$M_{R^{-1}}, M_{S^{-1}}, M_{(R \circ S)^{-1}}$.

解

(1)$R = \{\langle 1,3\rangle, \langle 2,4\rangle\}$， $S = \{\langle 1,2\rangle, \langle 2,3\rangle, \langle 3,4\rangle, \langle 2,1\rangle, \langle 4,2\rangle\}$.

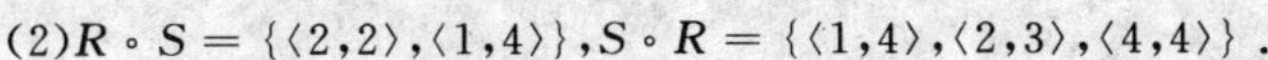

(2)$R \circ S = \{\langle 2,2\rangle,\langle 1,4\rangle\}$,$S \circ R = \{\langle 1,4\rangle,\langle 2,3\rangle,\langle 4,4\rangle\}$.

2. $\boldsymbol{M}_{R^{-1}} = \begin{pmatrix} 0 & 0 & 0 & 0 \\ 0 & 0 & 0 & 0 \\ 1 & 0 & 0 & 0 \\ 0 & 1 & 0 & 0 \end{pmatrix}$,　$M_{S^{-1}} = \begin{pmatrix} 0 & 1 & 0 & 0 \\ 1 & 0 & 0 & 1 \\ 0 & 1 & 0 & 0 \\ 0 & 0 & 1 & 0 \end{pmatrix}$,　$M_{(R\circ S)^{-1}} = \begin{pmatrix} 0 & 0 & 0 & 0 \\ 0 & 1 & 0 & 0 \\ 0 & 0 & 0 & 0 \\ 1 & 0 & 0 & 0 \end{pmatrix}$.

3. R 是从集合 A 到 B 的二元关系,写出 R 的关系矩阵并画出关系图.

(1)$A = \{a,b,c,d\}$,$B = \{1,2,3\}$

$R = \{\langle a,1\rangle,\langle b,2\rangle,\langle c,2\rangle,\langle c,3\rangle,\langle a,3\rangle\}$;

(2)$A = \{1,2,3,4\}$,$B = \{1,2,3\}$

$R = \{\langle a,b\rangle \mid a \in A, b \in B, 2 \leqslant a+b \leqslant 4\}$

解　(1) $\boldsymbol{M}_R = \begin{pmatrix} 1 & 0 & 1 \\ 0 & 1 & 0 \\ 0 & 1 & 1 \\ 0 & 0 & 0 \end{pmatrix}$,

(2)$\boldsymbol{M}_R = \begin{pmatrix} 1 & 1 & 1 \\ 1 & 1 & 0 \\ 1 & 0 & 0 \\ 0 & 0 & 0 \end{pmatrix}$,

4. 设集合 $A = \{a,b,c,d\}$ 上的二元关系 R 的关系矩阵为

$$M_R = \begin{pmatrix} 1 & 0 & 0 & 0 \\ 1 & 0 & 1 & 1 \\ 0 & 0 & 0 & 0 \\ 0 & 0 & 0 & 1 \end{pmatrix}$$

求 $r(R)$,$s(R)$,$t(R)$ 的关系矩阵,并画出 R,$r(R)$,$s(R)$,$t(R)$ 的关系图.

解　$r(R) = \{\langle a,a\rangle,\langle b,a\rangle,\langle b,b\rangle,\langle b,c\rangle,\langle b,d\rangle,\langle c,c\rangle,\langle d,d\rangle\}$

$s(R) = \{\langle a,a\rangle,\langle a,b\rangle,\langle b,a\rangle,\langle b,c\rangle,\langle c,b\rangle,\langle b,d\rangle,\langle d,b\rangle,\langle d,d\rangle\}$

$t(R) = \{\langle a,a\rangle,\langle b,a\rangle,\langle b,c\rangle,\langle b,d\rangle,\langle d,d\rangle\}$ $r(R)$ 的关系图为

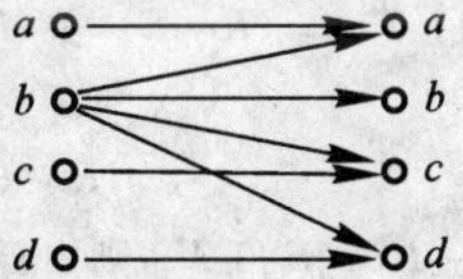

$s(R)$ 的关系图为

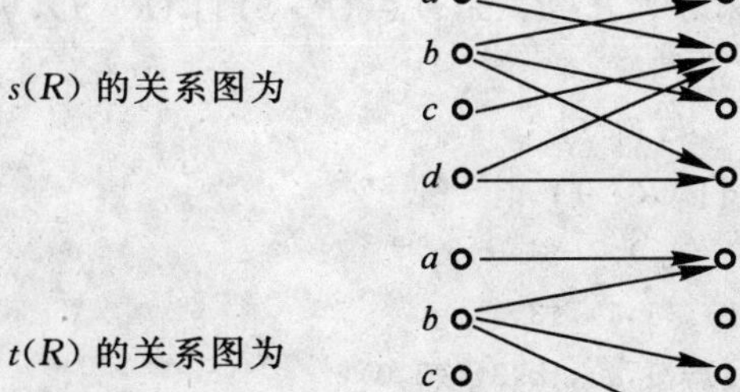

$t(R)$ 的关系图为

习题 4.3

1. 设 $S=\{1,2,3,4\}$，A 上的关系 $R=\{\langle 1,2\rangle,\langle 2,1\rangle,\langle 2,3\rangle,\langle 3,4\rangle\}$，求 $R\circ R$ 和 R^{-1}.

答

$$R\circ R=\{\langle 1,1\rangle,\langle 1,3\rangle,\langle 2,2\rangle,\langle 2,4\rangle\}$$

$$R^{-1}=\{\langle 2,1\rangle,\langle 1,2\rangle,\langle 3,2\rangle,\langle 4,3\rangle\}$$

2. 设 $A=\{1,2,3,4,5,6\}$，$B=\{1,2,3\}$，从 A 到 B 的关系 $R=\{\langle x,y\rangle\mid x=2y\}$，求 R 和 R^{-1}.

解

$$R=\{\langle 2,1\rangle,\langle 4,2\rangle,\langle 6,3\rangle\}$$

$$R^{-1}=\{\langle 1,2\rangle,\langle 2,4\rangle,\langle 3,6\rangle\}$$

3. 设 $R\subseteq A\times A$，证明：R 自反 $\Leftrightarrow I_A\subseteq R$.（$I_A$ 指 A 上的等价关系）

证明

r_R 自反 $\Rightarrow IA\subseteq R$. $\forall x\in A$，因为 R 是自反的，所以 xRx. $\langle x,x\rangle\in R$，故 $IA\subseteq R$.

R 自反 $\Leftarrow IA\subseteq R$. $\forall x\in A$，因为 $IA\subseteq R$，所以 $\langle x,x\rangle R$. xRx，故 R 是自反的.

4. 设 A 是集合，$R\subseteq A\times A$，证明：R 是对称的 $\Leftrightarrow R=R^{-1}$.

证明

R 是对称的 $\Rightarrow R=R^{-1}\langle x,y\rangle\in R$，因为 R 是对称的，所以 yRx. $\langle y,x\rangle\in R$，故 $\langle x,y\rangle\in R^{-1}$，从而 $R\subseteq R^{-1}$.

反之，$\langle y,x\rangle\in R^{-1}$，即 $\langle x,y\rangle\in R$，因为 R 是对称的，所以 yRx. $\langle y,x\rangle\in R$，$R^{-1}\subseteq R$，故 $R=R^{-1}$.

R 是对称的 $\forall x,y\in A$，若 $\langle x,y\rangle\in R$，即 $\langle y,x\rangle\in R^{-1}$，因为 $R=R^{-1}$，所以 $\langle y,x\rangle\in R$. yRx，故 R 是对称的 $\Leftarrow R=R^{-1}$.

5. 设 A,B,C 和 D 均是集合，$R\subseteq A\times B$，$S\subseteq B\times C$，$T\subseteq C\times D$，证明：

(1) $R\circ(S\cup T)=(R\circ S)\cup(R\circ T)$；

(2) $R\circ(S\cap T)\subseteq(R\circ S)\cap(R\circ T)$.

证明

(1) $\forall\langle x,z\rangle\in R\circ(S\cup T)$，则由合成关系的定义知 $\exists y\in B$，使得 $\langle x,y\rangle\in R$ 且 $\langle y,z\rangle\in S\cup T$. 从而 $\langle x,y\rangle R$ 且 $\langle y,z\rangle\in S$ 或 $\langle x,y\rangle\in R$ 且 $\langle y,z\rangle\in T$，即 $\langle x,z\rangle\in R\circ S$ 或 $\langle x,z\rangle\in R\circ T$. $\langle x,z\rangle\in(R\circ S)\cup(R\circ T)$，从而 $R\circ(S\cup T)\subseteq(R\circ S)\cup(R\circ T)$.

同理可证
$$(R\circ S)\cup(R\circ T)\subseteq R\circ(S\cup T)$$
故
$$R\circ(S\cup T)=(R\circ S)\cup(R\circ T)$$

(2) $\forall\langle x,z\rangle\in R\circ(S\cap T)$，则由合成关系的定义知 $\exists y\in B$，使得 $\langle x,y\rangle\in R$ 且 $\langle y,z\rangle\in S\cap T$，从而 $\langle x,y\rangle\in R$ 且 $\langle y,z\rangle\in S$ 且 $\langle y,z\rangle\in T$，即 $\langle x,z\rangle\in R\circ S$ 且 $\langle x,z\rangle\in R\circ T$. $\langle x,z\rangle\in(R\circ S)\cap(R\circ T)$，从而 $R\circ(S\cap T)\subseteq(R\circ S)\cap(R\circ T)$.

同理可证
$$(R\circ S)\cap(R\circ T)\subseteq R\circ(S\cap T)$$
故
$$R\circ(S\cap T)\subseteq(R\circ S)\cap(R\circ T)$$

6. 设 $A=\{0,a\}$，$B=\{1,a,3\}$，则 $A\cup B$ 的相等关系是（　　）.

(A) $\{\langle 0,0\rangle,\langle 1,1\rangle,\langle 3,3\rangle,\langle a,a\rangle\}$　　(B) $\{\langle 0,0\rangle,\langle 1,1\rangle,\langle 3,3\rangle\}$

(C) $\{\langle 1,1\rangle,\langle a,a\rangle,\langle 3,3\rangle\}$　　(D) $\{\langle 0,1\rangle,\langle 1,a\rangle,\langle a,3\rangle,\langle 3,0\rangle\}$

解　(A)

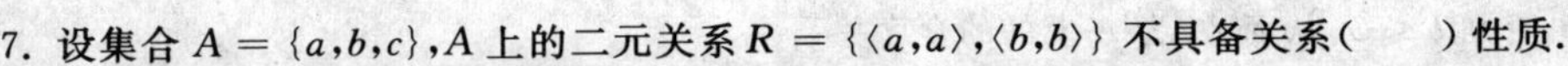

7. 设集合 $A=\{a,b,c\}$，A 上的二元关系 $R=\{\langle a,a\rangle,\langle b,b\rangle\}$ 不具备关系(　　)性质.

(A) 传递性　　(B) 反对称性　　(C) 对称性　　(D) 自反性

解　(D)

8. 设 $A=\{a,b,c,d\}$，R_1，R_2 是 A 上的二元关系，且 $R_1=\{\langle a,a\rangle,\langle b,b\rangle,\langle b,c\rangle,\langle d,d\rangle\}$，$R_2=\{\langle a,a\rangle,\langle b,b\rangle,\langle b,c\rangle,\langle c,b\rangle,\langle d,d\rangle\}$，则 R_2 是 R_1 的______闭包.

解　对称

习题　4.4

1. 图 4.30 和图 4.31(见教材) 是两个偏序集 $\langle A,R\rangle$ 的哈斯图，试分别写出集合 A 和偏序 R 的集合表达式.

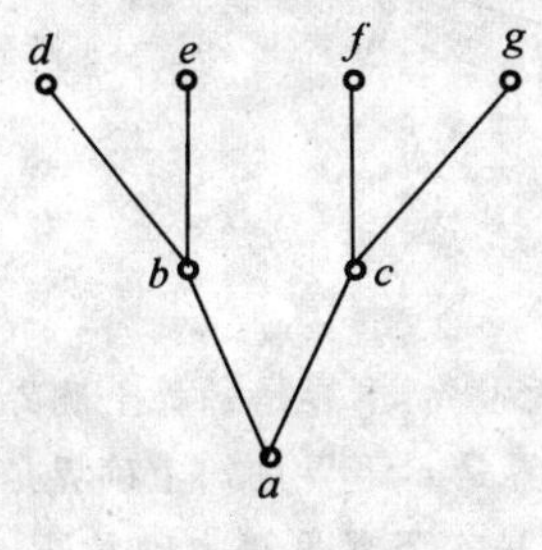

图　4.30

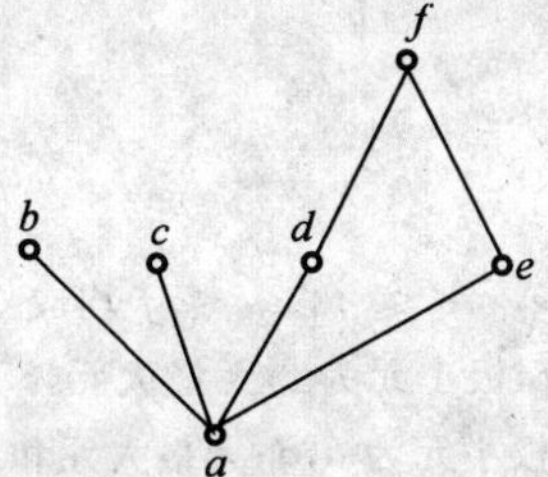

图　4.31

解　(1) $A=\{a,b,c,d,e,f,g\}$

$$R=\{\langle a,c\rangle,\langle a,g\rangle,\langle a,f\rangle,\langle a,b\rangle,\langle a,d\rangle,\langle a,e\rangle,\langle c,g\rangle,\langle c,f\rangle,\langle b,d\rangle,\langle b,e\rangle\}\cup I_A$$

(2) $A=\{a,b,c,d,e,f,g\}$

$$R=\{\langle a,b\rangle,\langle a,c\rangle,\langle a,d\rangle,\langle a,e\rangle,\langle a,f\rangle,\langle e,f\rangle,\langle d,f\rangle\}\cup I_A$$

2. 设集合 $A=\{\{a\},\{b\},\{a,b\},\{a,b,c\},\{a,b,c,d\},\{a,b,c,d,e\}\}$，$A$ 在包含关系 $\subseteq$ 下构成一个偏序集 $\langle A,\subseteq\rangle$，试画出 $\langle A,\subseteq\rangle$ 的哈斯图.

解　哈斯图如图 4. 所示.

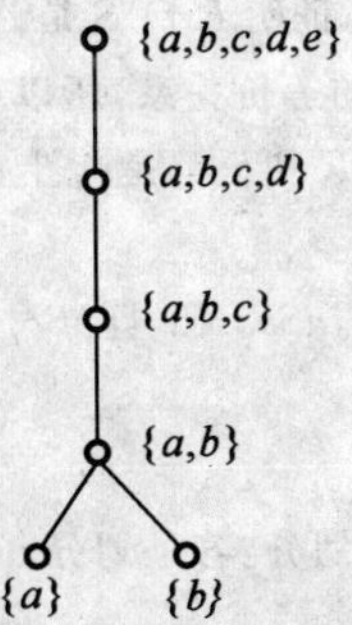

3. 举出集合 A 上的既是等价关系又是偏序关系的一个例子.(　　)

解　A 上的恒等关系.

4. 证明 A 上的任意一个个良序关系一定是 A 上的全序关系.

证明　$\forall a,b\in A$，则 $\{a,b\}$ 是 A 的一个非空子集. 因为 $\leqslant$ 是 A 上的良序关系，所以 $\{a,b\}$ 有最小元. 若

最小元为 a，$a \leqslant b$，否则 $b \leqslant a$，从而 $\leqslant$ 为 A 上的的全序关系.

5. A 上的偏序关系 的哈斯图如图 4.32(见教材) 所示. 问下列哪些关系式成立?

$$a \leqslant b,\quad b \leqslant a,\quad c \leqslant e,\quad e \leqslant f,\quad d \leqslant f,\quad c \leqslant f$$

分别求出下列集合关于 $\leqslant$ 的极大(小) 元、最大(小) 元、上(下) 界及上(下) 确界(若存在的话):

(a) A;　　(b) $\{b,d\}$;　　(c) $\{b,e\}$;　　(d) $\{b,d,e\}$

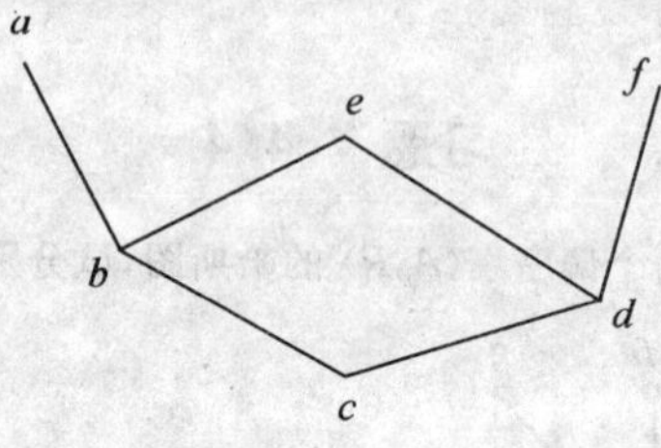

图 4.32

解　$b \leqslant a$，$c \leqslant e$，$d \leqslant f$，$c \leqslant f$ 均成立

(a) 极大元为 a,e,f，极小元为 c；无最大元，c 是最小元；无上界，下界是 c；无上确界，下确界是 c.

(b) 极大元为 b,d，极小元为 b,d；无最大元和最小元；上界是 e，下界是 c；上确界是 e，下确界是 c.

(c) 极大元为 e，极小元为 b；最大元是 e，b 是最小元；上界是 e，下界是 b；上确界是 e，下确界是 b.

(d) 的极大元为 e，极小元为 b,d；最大元是 e，无最小元；上界是 e，下界是 c；上确界是 e，下确界是 c.

6. 设 $\langle A, \leqslant\rangle$ 为偏序集，$\varnothing \neq B \subseteq A$，若 B 有最大(小) 元、上(下) 确界，证明它们是惟一的.

证明　设 a,b 都是 B 的最大元，则由最大元的定义 $a \leqslant b$，$b \leqslant a$，因为 $\leqslant$ 是 A 上的偏序关系，所以 $a = b$，即 B 如果有最大元，则它是惟一的.

设 a,b 都是 B 的最小元，则由最小元的定义 $a \leqslant b$，$b \leqslant a$，因为 $\leqslant$ 是 A 上的偏序关系，由反对称性得 $a = b$，即 B 如果有最大元则它是惟一的.

习题　4.5

1. 若 R 和 S 都是非空集 A 上的等价关系，证明 $R \cap S$ 是 A 上的等价关系.

证明　$\forall x \in A$，因为 R 和 S 都是 A 上的等价关系，所以 xRx 且 xSx. $xR \cap Sx$. 从而 $R \cap S$ 是自反的.

$\forall a,b \in A$，$aR \cap Sb$，即 aRb 且 aSb. 因为 R 和 S 都是 A 上的等价关系，所以 bRa 且 bSa. $bR \cap Sa$，从而 $R \cap S$ 是对称的.

$\forall a,b,c \in A$，$aR \cap Sb$ 且 $bR \cap Sc$，即 aRb，aSb，bRc 且 bSc. 因为 R 和 S 都是 A 上的等价关系，所以 aRc 且 aSc. $aR \cap Sc$，从而 $R \cap S$ 是传递的.

$R \cap S$ 是 A 上的等价关系.

2. 设 $A = \{1,2,\cdots,10\}$. 下列哪个是 A 的划分?若是划分，问它们诱导的等价关系是什么?

(1) $B = \{\{1,3,6\},\{2,8,10\},\{4,5,7\}\}$;

(2) $C = \{\{1,5,7\},\{2,4,8,9\},\{3,5,6,10\}\}$;

(3) $D = \{\{1,2,7\},\{3,5,10\},\{4,6,8\},\{9\}\}$.

解

(1) 和(2) 都不是 A 的划分.

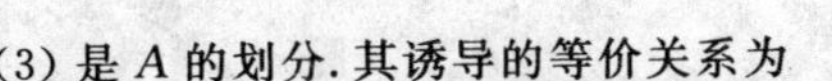

(3) 是 A 的划分. 其诱导的等价关系为

$I_A \cup \{\langle 1,2\rangle,\langle 2,1\rangle,\langle 1,7\rangle,\langle 7,1\rangle,\langle 2,7\rangle,\langle 7,2\rangle,\langle 3,5\rangle,\langle 5,3\rangle,\langle 3,10\rangle,\langle 10,3\rangle,\langle 10,5\rangle,\langle 5,10\rangle,$
$\langle 4,6\rangle,\langle 6,4\rangle,\langle 4,8\rangle,\langle 8,4\rangle,\langle 6,8\rangle,\langle 8,6\rangle\}$

3. R 是 $A=\{1,2,3,4,5,6\}$ 上的等价关系，

$$R=I_A\cup\{\langle 1,5\rangle,\langle 5,1\rangle,\langle 2,4\rangle,\langle 4,2\rangle,\langle 3,6\rangle,\langle 6,3\rangle\}$$

求 R 诱导的划分.

解　R 诱导的划分为

$$\{\{1,5\},\{2,4\},\{3,6\}\}$$

4. 设集合 $A=\{0,1,2,3,4,5\}$ 上的关系

$R=\{\langle 0,0\rangle,\langle 1,1\rangle,\langle 1,2\rangle,\langle 1,3\rangle,\langle 2,1\rangle,\langle 2,2\rangle,\langle 2,3\rangle,\langle 3,1\rangle,\langle 3,2\rangle,\langle 3,3\rangle,\langle 4,4\rangle,\langle 4,5\rangle,\langle 5,4\rangle,\langle 5,5\rangle\}$

试用关系图验证 R 是 A 上的等价关系，并求出 R 在 A 上构成的等价类.

解　关系图的每个顶点都有自回路，两个顶点之间若有有向弧则有双向弧，若从 a 到 b 有有向弧且从 b 到 c 有有向弧，则从 a 到 c 有有向弧. 因此，关系 R 是自反的、对称的和传递的，也就是 R 是等价关系. 其等价类为

$$[0]=\{0\}$$

$$[1]=[2]=[3]=[1,2]=[2,3]=[3,1]=\{1,2,3\}$$

$$[4]=[5]=\{4,5\}$$

第5章　函　数

一、重点内容提要

函数:函数就是映射,要求对每一个原象都有唯一的象相对应.

函数的前域:原象所在的集合.

函数的陪域:象所在的集合.

函数的相等:必须有相同的前域与陪域和相等的变换规则.

多元函数:当函数的前域是 n 个集合的叉积时,有多元函数.

函数的合成运算:由两个以上的函数复合成一个新的函数.

函数的幂运算:由同一个函数与自身多次合成.

函数的归纳定义:当函数的前域是由归纳定义的集合时,可归纳定义函数.

满射:每个陪域的元素都有原象

单射:不同的原象有不同的象

双射:同时是满射、单射时.

置换:双射就是置换.

特殊函数:常函数、恒等函数、集合的特征函数.

逆函数:在双射函数的前提下,由其逆映射确定的函数,与原函数是相互的关系.

规范映射:由集合上的等价关系诱导出集合的商集,原集合与商集之间的映射就是规范映射.

二、知识结构网络图

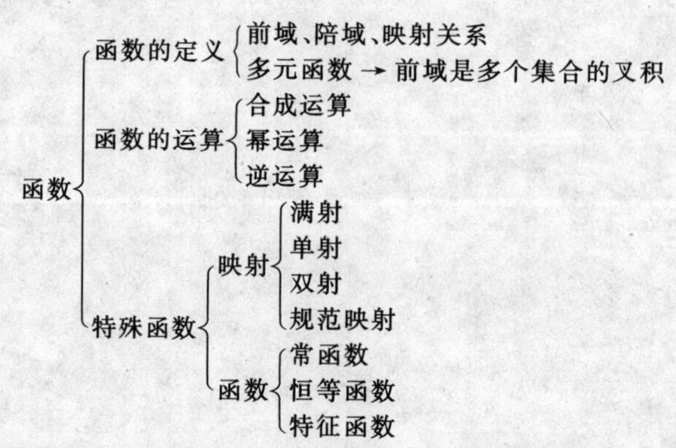

三、基本要求与考核点

1. 函数的概念及相关成分

(1) 熟悉函数、多元函数、映射、前域、陪域的定义.

(2) 能判断满射、单射、双射和规范映射.

2. 函数的运算

(1) 熟悉函数的幂运算、合成运算、逆运算.

(2) 能判断函数的相等.

3. 函数的归纳定义

(1) 能归纳定义函数.

(2) 能利用特征函数证明问题.

本章的重点：

(1) 函数之间的各种运算.

(2) 函数的归纳定义.

本章的难点：

(1) 规范映射所诱导的对前域的划分.

(2) 特征函数的应用.

四、习题详解

习题 5.1

1. 判断下列关系中哪个能构成函数.

(1) $\rho \subseteq \mathbf{Z}^2$, $\rho = \{\langle i^2, i\rangle \mid i \in \mathbf{Z}\}$

(2) 设 $A = \{1,2,3,4\}$, $B = \{b_1, b_2, b_3\}$, $\rho_1 \subseteq A \times B$, $\rho_2 \subseteq A \times B$

(3) $\rho = \{\langle S, \overline{S}\rangle \mid S \subseteq U\}$, U 是全集, $\overline{S}$ 是 S 的补集.

解

(1) 因为 $D_\rho = Z \subseteq I$,所以 ρ 不满足象的存在性,故 ρ 不是函数.

又有 $1\rho 1$, $1\rho(-1)$,所以 ρ 也不满足象的唯一性.

(2) 因为 $4 \in A$ 无象, ρ_1 不是函数;因为 $2\rho_2 b_2$, $2\rho_2 b_1$, ρ_2 也不是函数,象不唯一;

(3) $S \subseteq U$,即 $S \in 2^U$, ρ 是 2^U 到 2^U 的函数.

2. 设 $X = \{1,2,3,4\}$, $Y = \{a,b,c,d\}$,下列关系中哪些是函数,哪些不是函数?

$f_1 = \{\langle 1,d\rangle, \langle 2,c\rangle, \langle 3,b\rangle, \langle 4,a\rangle\}$;

$f_2 = \{\langle 1,d\rangle, \langle 2,c\rangle, \langle 3,b\rangle, \langle 4,b\rangle\}$;

$f_3 = \{\langle 1,d\rangle, \langle 2,c\rangle, \langle 4,a\rangle\}$;

$f_4 = \{\langle 1,d\rangle,\langle 2,c\rangle,\langle 3,b\rangle,\langle 4,a\rangle,\langle 1,a\rangle\}$.

解

f_1 和 f_2 都是函数；

f_3 不是，因为 $3 \in X$，但没有对应的 y 值；

f_4 也不是，因为 1 对应了两个不同的值，a 和 d.

3. 设 $X = \{a, b, c\}$，$Y = \{0,1\}$，求 Y^X.

解　从 X 到 Y 共有 $2^3 = 8$ 个不同的函数，因此

$$Y^X = \{ f_1, f_2, f_3, f_4, f_5, f_6, f_7, f_8\}$$

其中

$$f_1 = \{\langle a,0\rangle,\langle b,0\rangle,\langle c,0\rangle\}$$
$$f_2 = \{\langle a,0\rangle,\langle b,0\rangle,\langle c,1\rangle\}$$
$$f_3 = \{\langle a,0\rangle,\langle b,1\rangle,\langle c,0\rangle\}$$
$$f_4 = \{\langle a,0\rangle,\langle b,1\rangle,\langle c,1\rangle\}$$
$$f_5 = \{\langle a,1\rangle,\langle b,0\rangle,\langle c,0\rangle\}$$
$$f_6 = \{\langle a,1\rangle,\langle b,0\rangle,\langle c,1\rangle\}$$
$$f_7 = \{\langle a,1\rangle,\langle b,1\rangle,\langle c,0\rangle\}$$
$$f_8 = \{\langle a,1\rangle,\langle b,1\rangle,\langle c,1\rangle\}$$

4. 证明当 A 和 B 是有限集合时，有 $|B^A| = |B|^{|A|}$.

证明

设
$$|A| = m,\ |B| = n \quad (m,n \in \mathbf{N})$$

又设
$$A = \{a_1, a_2, \cdots, a_m\}$$

因为 $D_f = A$，所以

$$f = \{\langle a_1, f(a_1)\rangle,\langle a_2, f(a_2)\rangle,\cdots,\langle a_m, f(a_m)\rangle\}$$

而每个 $f(a_i)(i \in N_m)$ 都有可能，所以 A 到 B 的不同函数共有

$$n*n*n*n*\cdots*n = n^m \text{ 个}$$

即
$$|B^A| = |B|^{|A|}$$

习题　5.2

1. 下列函数中，那些是满射？那些是单射？那些是双射？

(1) $f_1:\mathbf{R}\to\mathbf{R}, f_1(a) = a^3 + 1$；

(2) $f_2:\mathbf{N}\to\mathbf{N}, f_2(a) = a$ 除以 3 的余数；

(3) $f_3:\mathbf{R}\to\mathbf{R}, f_3(a) = a^2 - 2a - 15$.

解　(1) 双射；

(2) 既不是单射，也不是满射.

(3) 既不是满射，也不是单射.

2. 设对 $\forall a \in \mathbf{R}$，$\mathbf{R}$ 上的函数 $f(a) = a^2 - 2, g(a) = a + 4, h(a) = a^3 - 1$. 求：

(1) $f \circ g, g \circ f$.

(2) 问 $f \circ g$ 与 $g \circ f$ 是否是单射、满射和双射？

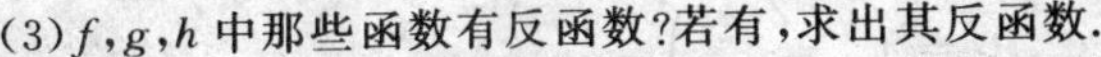

(3) f,g,h 中那些函数有反函数?若有,求出其反函数.

解　(1) $f\circ g=(a+4)^2-2$,　$g\circ f=(a^2-2)+4=a^2+2$.

(2) 不是满射,不是单射,不是双射.

(3) g,h 有反函数,$g^{-1}=a-4,h^{-1}=\sqrt[3]{a+1}$.

3. 设 $\mathbf{R}$ 是实数集,$f:\mathbf{R}\times\mathbf{R}\to\mathbf{R},f(a,b)=a+b,g:\mathbf{R}\times\mathbf{R}\to\mathbf{R},g(a,b)=ab$. 求证:$f$ 和 g 都是满射,但不是单射.

证明　对 $\forall c\in\mathbf{R},\exists a,b\in\mathbf{R}$ 使 $a+b=c$,即 $f(a,b)=c$,所以 f 是满射.

对 $\forall c\in\mathbf{R},\exists a,b\in\mathbf{R}$ 使 $ab=c$,即 $g(a,b)=c$,所以 g 是满射.

$f(1,3)=1+3=4=f(2,2)$,但 $\langle 1,3\rangle\neq\langle 2,2\rangle$,因此 f 不是单射.

$g(2,3)=2\times 3=6=g(3,2)$,但 $\langle 2,3\rangle\neq\langle 3,2\rangle$,因此 g 不是单射.

4. 设 $f:X\to Y,A,B$ 是 Y 的任意子集,证明:$f^{-1}(A\cap B)=f^{-1}(A)\cap f^{-1}(B)$.

证明　$\forall c\in f^{-1}(A\cap B)\Leftrightarrow c=f^{-1}(a)\wedge a\in A\cap B\Leftrightarrow f(c)=a\wedge a\in A\wedge a\in B\Leftrightarrow$

$$(f(c)=a\wedge a\in A)\wedge(f(c)=a\wedge a\in B)\Leftrightarrow$$

$$(c=f^{-1}(a)\wedge a\in A)\wedge(c=f(a)\wedge a\in B)\Leftrightarrow$$

$$c\in f^{-1}(A)\wedge a\in f^{-1}(B)\Leftrightarrow c\in f^{-1}(A)\cap f^{-1}(B)$$

于是

$$f^{-1}(A\cap B)=f^{-1}(A)\cap f^{-1}(B)$$

5. 证明函数 $f:\mathbf{R}\to\mathbf{R},f(x)=2x-15$ 是双射.

证明　任取 $x_1,x_2\in\mathbf{R}$,且 $x_1\neq x_2$,则

$$f(x_1)-f(x_2)=(2x_1-15)-(2x_2-15)=2(x_1-x_2)\neq 0$$

所以 $f(x_1)\neq f(x_2)$,即 f 是单射.

取 $x\in\mathbf{R}$,使 $x=(15+x)/2\in\mathbf{R}$,则

$$f(x)=2*(15+x)/2-15=x$$

所以 $R_f=\mathbf{R}$,即 f 是满射.

综上所述,f 是双射.

6. 设 $A=\{1,2,3\}$,A 到 A 的函数 f 和 g 为

$$f=\{\langle 1,1\rangle,\langle 2,3\rangle,\langle 3,1\rangle\}$$

$$g=\{\langle 1,1\rangle,\langle 2,2\rangle,\langle 3,2\rangle\}$$

求 $f\circ g,g\circ f,f\circ f,f(f\circ g)$ 和 $(f\circ f)g$.

解

$$f\circ g=\{\langle 1,1\rangle,\langle 2,3\rangle,\langle 3,3\rangle\}$$

$$g\circ f=\{\langle 1,1\rangle,\langle 2,2\rangle,\langle 3,1\rangle\}$$

$$f\circ f=\{\langle 1,1\rangle,\langle 2,1\rangle,\langle 3,1\rangle\}$$

$$f(f\circ g)=\{\langle 1,1\rangle,\langle 2,1\rangle,\langle 3,1\rangle\}$$

$$(f\circ f)g=\{\langle 1,1\rangle,\langle 2,3\rangle,\langle 3,1\rangle\}$$

7. 若 $A=\{1,2,3\}$,试写出 A 上的全部置换.

解　A 上的全部置换有 $3!=6$ 个,分别为

$$\boldsymbol{P}_1=\begin{pmatrix}1&2&3\\1&2&3\end{pmatrix},\quad \boldsymbol{P}_2=\begin{pmatrix}1&2&3\\1&3&2\end{pmatrix}$$

$$\boldsymbol{P}_3=\begin{pmatrix}1&2&3\\2&1&3\end{pmatrix},\quad \boldsymbol{P}_4=\begin{pmatrix}1&2&3\\2&3&1\end{pmatrix}$$

$$\boldsymbol{P}_5=\begin{pmatrix}1&2&3\\3&1&2\end{pmatrix},\quad \boldsymbol{P}_6=\begin{pmatrix}1&2&3\\3&2&1\end{pmatrix}$$

8. 求题 7 中的 $\boldsymbol{P}_1\circ\boldsymbol{P}_4$，$\boldsymbol{P}_3\circ\boldsymbol{P}_2$，$\boldsymbol{P}_4\circ\boldsymbol{P}_6$.

解

$$\boldsymbol{P}_1\circ\boldsymbol{P}_4=\begin{pmatrix}1&2&3\\1&2&3\end{pmatrix}\begin{pmatrix}1&2&3\\2&3&1\end{pmatrix}=\begin{pmatrix}1&2&3\\2&3&1\end{pmatrix}=\boldsymbol{P}_4$$

$$\boldsymbol{P}_3\circ\boldsymbol{P}_2=\begin{pmatrix}1&2&3\\2&1&3\end{pmatrix}\begin{pmatrix}1&2&3\\1&3&2\end{pmatrix}=\begin{pmatrix}1&2&3\\3&1&2\end{pmatrix}=\boldsymbol{P}_5$$

$$\boldsymbol{P}_4\circ\boldsymbol{P}_6=\begin{pmatrix}1&2&3\\2&3&1\end{pmatrix}\begin{pmatrix}1&2&3\\3&2&1\end{pmatrix}=\begin{pmatrix}1&2&3\\2&1&3\end{pmatrix}=\boldsymbol{P}_3$$

第 6 章　代　数

一、重点内容提要

载体：一个集合就是载体.

运算：载体上的 n 元运算.

代数：由载体和载体上的运算构成的二元组，要求该运算在载体上封闭.

代数常数：代数中的特殊元素，包括幺元、零元、逆元、等幂元等.

构成成分相同：两个代数包含同样个数的运算和常数，且对应运算的元数(同为 m 元运算) 相同.

公理规则相同：共同满足交换律、结合律、零一律、同一律等.

代数的同种类：具有相同构成成分和服从相同公理集合的代数.

子代数：载体是原代数载体的子集，运算、常数等得到继承的新代数系统.

平凡子代数：载体最大和最小时的子代数.

真子代数：除平凡子代数外，其他的子代数.

代数系统的同构：两个代数有相同的构成成分；它们的载体(集合) 有相同的基数；它们的运算和常数必须遵循相同的规则. 或者说，它们的载体之间存在一个双射映射，使得所有运算得到保持，常数得到保持.

代数系统的同态：将同构条件中的“双射映射” 降为“普通映射”，其他要求不变，描述两个代数系统之间的关系.

同态(构) 相关概念：同态象、自同态(构)、单一同态、满同态.

同余关系：在代数运算作用下，载体上的等价关系仍能保持，该等价关系是关于运算的同余关系.

同余类：代数上的同余关系对载体的等价划分.

商代数：由代数上的同余类为新载体，定义新的运算和新常数得到的新代数.

积代数：由两个代数载体叉积为新载体，定义新的运算和新常数(序偶) 得到的新代数.

二、知识结构网络图

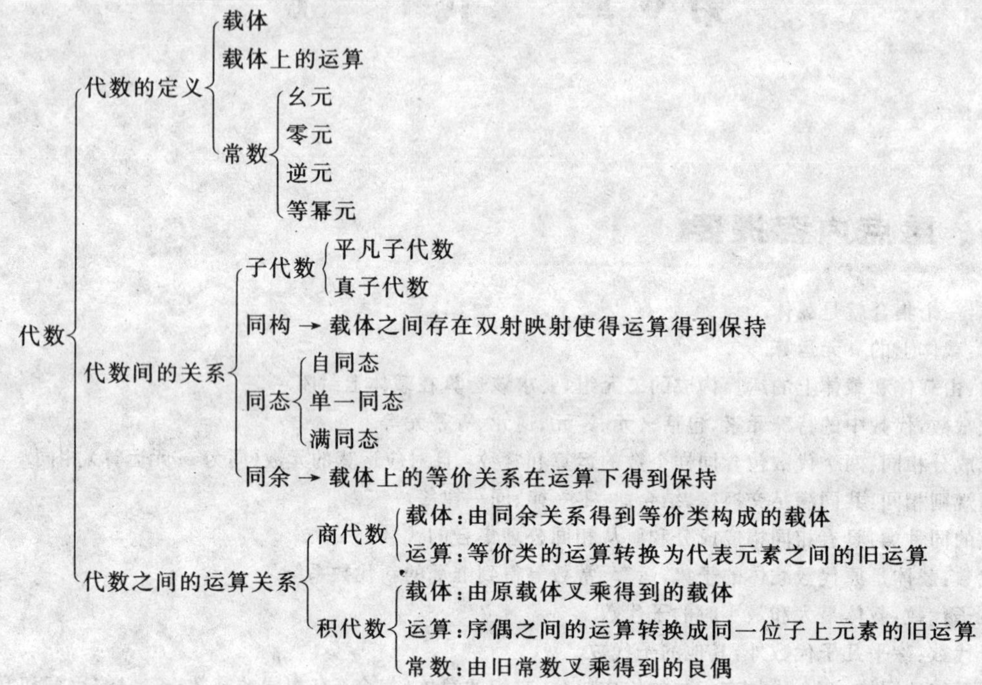

三、基本要求与考核点

1. 代数的概念及成分

(1) 熟悉代数的定义,能判断代数是否成立.

(2) 熟悉代数的基本表示形式、运算、常数等.

2. 代数常数的分类

(1) 熟悉代数常数幺元、零元、逆元、等幂元的属性.

(2) 能求出代数常数.

3. 代数之间的分类

(1) 熟悉子代数的定义.

(2) 了解代数之间的同构、同态关系.

(3) 能求出代数的同态像.

(4) 能判断代数上的同余关系.

4. 代数之间的运算

(1) 熟悉商代数的概念.

(2) 能通过代数上的同余关系构造商代数.

(3) 能通过两个代数上的积运算构造积代数.

(4) 能定义商代数、积代数上的新运算.

本章的重点:

(1) 代数常数的求法.

(2) 同余关系的判定.

本章的难点:

(1) 代数之间的同构、同态关系.

(2) 商代数的求法.

四、习题详解

习题　6.1

1. 在自然数集 **N** 上定义的二元运算 $*$,满足结合律的是(　　).

(A)$a*b=a-b$　　(B)$a*b=a+2b$　　(C)$a*b=\max\{a,b\}$　　(D)$a*b=|a-b|$

解　(C)

2. 算术乘法运算是否可以看成是下列集合上的二元运算,说明理由.

(1)$A=\{1,2\}$;　　(2)$B=\{x \mid x\text{ 是质数}\}$;

(3)$C=\{x \mid x\text{ 是偶数}\}$;　　(4)$D=\{2^n \mid n\in \mathbf{N}\}$.

解　(1) 数的乘法运算不是集合 A 上的二元运算,因为 $2\times 2=4\notin A$.

(2) 数的乘法运算不是集合 B 上的二元运算. 因为质数与质数的乘积不是质数.

(3) 数的乘法运算是集合 C 上的二元运算. 因为偶数乘偶数是偶数.

(4) 数的乘法运算是集合 D 上的二元运算. 因为 $2^n\times 2^m=2^{m+n}\in D$.

3. 实数集 **R** 上的下列二元关系是否满足结合律与交换律?

(1)$r_1*r_2=r_1+r_2-r_1r_2$;　　(2)$r_1\circ r_2=(r_1+r_2)/2$.

解　(1) 运算 $*$ 满足交换律与结合律.

(2) 运算 $\circ$ 不满足结合律,但是满足交换律.

4. 实数集 **R** 上的二元关系 $r_1*r_2=r_1+r_2-r_1r_2$ 中,运算 $*$ 是否有幺元、零元和幂等元?若有幺元的话,哪些元素有逆元?

解　运算 $*$ 有幺元 0

$$0*a=0+a-0\cdot a=a=a*0$$

1 是零元

因为

$$1*r=1+r-1\cdot r=1=r*1$$

1 是幂等元

因为

$$1*1=1+1-1\cdot 1=1$$

同理 0 也是幂等元. 当 $r\neq 1$ 时,r 有逆元 $\dfrac{r}{r-1}$.

5. 设 e 和 0 是关于 A 上二元运算 $*$ 的幺元和零元，如果 $|A|>1$，则 $e\neq 0$.

证明 用反证法证明.假设 $e=0$.

对 A 的任意一个元素 a，因为 e 和 0 是 A 上关于二元运算 $*$ 的幺元和零元，则 $a=a*e=a*0=0$. A 的所有元素都等于 0，这与已知条件 $|A|>1$ 矛盾，从而假设错误，即 $e\neq 0$.

6. 设 $*$ 是集合 A 上可结合的二元运算，且 $\forall a,b\in A$，若 $a*b=b*a$，则 $a=b$. 试证明：

(1) $\forall a\in A, a*a=a$，即 a 是等幂元；

(2) $\forall a,b\in A, a*b*a=a$；

(3) $\forall a,b,c\in A, a*b*c=a*c$.

证明

(1) $\forall a\in A$，记 $b=a*a$. 因为 $*$ 是可结合的，故有 $b*a=(a*a)*a=a*(a*a)=a*b$. 由已知条件，可得 $a=a*a$.

(2) $\forall a,b\in A$，因为由(1)可知，

$$a*(a*b*a)=(a*a)*(b*a)=a*(b*a)$$

$$(a*b*a)*a=(a*b)*(a*a)=(a*b)*a=a*(b*a)$$

$$a*(a*b*a)=(a*b*a)*a$$

从而

$$a*b*a=a$$

(3) $$\forall a,b,c\in A,\quad (a*b*c)*(a*c)=((a*b*c)*a)*c=(a*(b*c)*a)*c$$

且

$$(a*c)*(a*b*c)=a*(c*(a*b*c))=a*(c*(a*b)*c))$$

由(2)可知

$$a*(b*c)*a=a \text{ 且 } c*(a*b)*c=c$$

故

$$(a*b*c)*(a*c)=(a*(b*c)*a)*c=a*c$$

且

$$(a*c)*(a*b*c)=a*(c*(a*b)*c))=a*c$$

即

$$(a*b*c)*(a*c)=(a*c)*(a*b*c)$$

从而由已知条件知，$a*b*c=a*c$.

7. 设 $S=\mathbf{Q}\times\mathbf{Q}$，$\mathbf{Q}$ 为有理数集合，$*$ 为 S 上的二元运算、对任意 $\langle a,b\rangle,\langle c,d\rangle\in S$，有

$$\langle a,b\rangle*\langle c,d\rangle=\langle ac,ad+b\rangle$$

求出 S 关于二元运算 $*$ 的幺元，以及当 $a\neq 0$ 时，$\langle a,b\rangle$ 关于 $*$ 的逆元.

解 设 S 关于 $*$ 的幺元为 $\langle a,b\rangle$. 根据 $*$ 和幺元的定义，对 $\forall\langle x,y\rangle\in S$，有

$$\langle a,b\rangle*\langle x,y\rangle=\langle ax,ay+b\rangle=\langle x,y\rangle$$

$$\langle x,y\rangle*\langle a,b\rangle=\langle ax,xb+y\rangle=\langle x,y\rangle$$

即

$$ax=x,\quad ay+b=y,\quad xb+y=y$$

对 $\forall x,y\in Q$ 都成立，解得 $a=1,b=0$，所以 S 关于 $*$ 的幺元为 $\langle 1,0\rangle$.

当 $a\neq 0$ 时，设 $\langle a,b\rangle$ 关于 $*$ 的逆元为 $\langle c,d\rangle$. 根据逆元的定义，有

$$\langle a,b\rangle*\langle c,d\rangle=\langle ac,ad+b\rangle=\langle 1,0\rangle$$

$$\langle c,d\rangle*\langle a,b\rangle=\langle ac,cb+d\rangle=\langle 1,0\rangle$$

即

$$ac=1,\quad ad+b=0,\quad cb+d=0$$

解得

$$c=\frac{1}{a},\quad d=-\frac{b}{a}$$

所以 $\langle a,b\rangle$ 关于 $*$ 的逆元为 $(\frac{1}{a},-\frac{b}{a})$.

8. 考虑代数系统〈$\mathbf{R}$,+,∗〉,其中$\mathbf{R}$是实数集,+和∗是通常的加法和乘法.问两运算在$\mathbf{R}$上是否都有幺元?每个元素是否都有逆元?若有逆元,逆元是什么?

解　因为 $0,1 \in \mathbf{R}$,且任取 $a \in \mathbf{R}$,有

$$0 + a = a + 0 = a$$

$$1 * a = a * 1 = a$$

所以 0 是$\mathbf{R}$中关于运算+的幺元,1 是$\mathbf{R}$中关于运算∗的幺元.

又任取 $a \in \mathbf{R}$,有 $-a \in \mathbf{R}$,使

$$a + (-a) = (-a) + a = 0$$

所以对运算+而言,$\mathbf{R}$中的任何元素 a 都有逆元 $-a$.

又当 $a \neq 0 \in \mathbf{R}$ 时,有 $1/a \in \mathbf{R}$,使

$$a * 1/a = 1/a * a = 1$$

所以对运算∗而言,$\mathbf{R}$中除了数 0 外任何元素 a 都有逆元 $1/a$,而元素 0 无逆元.

习题　6.2

1. 设集合 $A = \{1,2,3,\cdots,10\}$,在集合 A 上定义运算,不是封闭的为(　　).

(A) $\forall a,b \in A, a * b = \text{lcm}\{a,b\}$(最小公倍数)　(B) $\forall a,b \in A, a * b = \text{ged}\{a,b\}$(最大公约数)

(C) $\forall a,b \in A, a * b = \max\{a,b\}$　(D) $\forall a,b \in A, a * b = \min\{a,b\}$

解　(A)

2. 考虑整数集合$\mathbf{Z}$,设 $S = \{0,1,2,3,4\}$,问在 S 上加法及求绝对值,max,min 运算的封闭性.

解　加法 S 不封闭,因为 $4 + 4 = 8$,8 不属于 S.然而对 max,min,求绝对值诸运算是封闭的.

3. 设 $B = \{0,a,b,1\}$,$S_1 = \{a,1\}$,$S_2 = \{0,1\}$,$S_3 = \{a,b\}$,二元运算+和∗定义如表 6.4 和表 6.5(见教材)所示.

表　6.4

+	0	a	b	1
0	0	a	b	1
a	a	a	1	1
b	b	1	b	1
1	1	1	1	1

表　6.5

∗	0	a	b	1
0	0	0	0	0
a	0	a	0	a
b	0	0	b	b
1	0	a	b	1

试问:〈S_1,∗,+〉是代数吗?是〈B,∗,+,1,0〉的子代数吗?〈S_2,∗,+1,0〉是〈B,∗,+1,0〉的子代数

吗?$\langle S_3, *, +\rangle$ 是代数吗?请说明理由.

解 $\langle S_1, *, +\rangle$ 是代数,但不是$\langle B, *, +, 1, 0\rangle$ 的子代数,因为常数 0 不属于 S_1.

$\langle S_2, *, +1, 0\rangle$ 是$\langle B, *, +1, 0\rangle$ 的子代数,因为 S_2 对运算 $*$ 和 $+$ 封闭,且常数 0,1 属于 S_2.

$\langle S_3, *, +\rangle$ 不是代数,因为 S_3 对 $+$,$*$ 运算不封闭.

习题 6.3

1. 设$\langle R^*, \cdot\rangle$ 其中 $R^* = R - \{0\}$,$\cdot$ 是数的乘法,下述映射 f 是否为 R^* 到 R^* 的同态,如果是,说明它是否为满同态、单同态、同构,计算$\langle R^*, \cdot\rangle$ 的同态象 $f(R^*)$.

(1) $f(x) = x^2$;　　(2) $f(x) = -x$;　　(3) $f(x) = [x]$

解 (1) $f(x \cdot y) = (x \cdot y)^2 = x^2 \cdot y^2 = f(x) \cdot f(y)$,因而是同态,但不是满同态也不是单同态,不构成同构,$f(R*) = R^+$.

(2) $f(x \cdot y) = -x \cdot y \neq (-x) \cdot (-y) = f(x) \cdot f(y)$,不是同态.

(3) $f(x \cdot y) = [x \cdot y] \neq [x] \cdot [y] = f(x) \cdot f(y)$,不是同态.

2. 设两个半群$\langle \mathbf{Z}_+, +\rangle$,$\langle A, *\rangle$,其中 $\mathbf{Z}_+$ 是正整数集,$A = \{-1, 1\}$,$+$,$*$ 分别是数的加法和乘法,定义

$f: \mathbf{Z}_+ \to A, \forall x \in \mathbf{Z}_+, f(x) = \begin{cases} 1, \text{当 } x \text{ 为偶数时} \\ -1, \text{当 } x \text{ 为奇数时} \end{cases}$.

证明 f 是$\langle \mathbf{Z}_+, +\rangle$ 到$\langle A, *\rangle$ 的满同态.

证明

(1) 显然,f 是$\langle \mathbf{Z}_+, +\rangle$ 到$\langle A, *\rangle$ 的映射.

(2) $\forall x, y \in \mathbf{Z}_+$,当 x, y 都是偶数时.

$$f(x+y) = 1 = 1 * 1 = f(x) * f(y)$$

当 x, y 都是奇数时,

$$f(x+y) = 1 = (-1) * (-1) = f(x) * f(y)$$

当 x 是偶数,y 是奇数时,

$$f(x+y) = -1 = 1 * (-1) = f(x) * f(y)$$

当 x 是奇数,y 是偶数时,

$$f(x+y) = -1 = (-1) * 1 = f(x) * f(y)$$

又 $f(\mathbf{Z}_+) = A$,所以 f 是满射,f 是$\langle \mathbf{Z}_+, +\rangle$ 到$\langle A, *\rangle$ 的满同态.

3. 设 $S = \{a, b, c\}$,$\langle \rho(S), \cup, \cap, -\rangle$ 是一个代数,$B = \{0, 1\}$,$\langle B \vee, \wedge, \neg\rangle$ 是一个两元素的代数,设 f 是 $\rho(S)$ 到 B 的一个映射,使得 $\forall A \in \rho(S)$,有 $f(A) = \begin{cases} 1, & b \in A \\ 0, & b \notin A \end{cases}$.

证明 f 是一个同态映射.

证明 $\forall A, B \in \rho(S)$,若

$$b \in A \wedge b \in B \Rightarrow b \in A \cap B \Rightarrow f(A) = 1$$

$$f(B) = 1 \Rightarrow f(A \cap B) = f(A) \wedge f(B) = 1$$

若 $b \notin A \cap B \Rightarrow A, B$ 中至少有一个不含元素 $b \Rightarrow f(A), f(B)$ 中至少有一个为 0,此时也有

$$f(A \cap B) = f(A) \wedge f(B) = 0$$

$\forall A \in \rho(S)$,若

$$b \in A \Rightarrow b \notin \overline{A} \Rightarrow f(A) = 1$$

$$f(\overline{A}) = 0 \Rightarrow f(\overline{A}) = \neg f(A)$$

若

$$b \in A \Rightarrow b \in A \Rightarrow f(A) = 0$$

$$f(\overline{A}) = 1 \Rightarrow f(\overline{A}) = \neg f(A)$$

于是有

$$f(A \cap B) = f(A) \wedge f(B), \quad f(\overline{A}) = \neg f(A)$$

从而 f 是 $\langle \rho(S),. \cup \cap, ^{-} \rangle$ 到 $\langle B \vee, \wedge, \neg \rangle$ 的一个同态映射.

4.若有代数系统 $\langle \{a, b, c\}, * \rangle$ 和 $\langle \{1, 2, 3\}, *' \rangle$,其中二元运算 $*$ 和 $*'$ 分别定义,如表 6.11 和表 6.12(见教材)所示.

表　6.11

$*$	a	b	c
a	a	b	c
b	b	b	c
c	c	b	c

表　6.12

$*'$	1	2	3
1	1	2	1
2	1	2	2
3	1	2	3

试证,这两个代数系统同构.

证明　运算 $*'$ 的运算表可以变为如表 6-1 所示.

表　6-1

$*'$	3	1	2
3	3	1	2
1	1	1	2
2	2	1	2

这样就定义函数 $f: \{a, b, c\} \to \{1, 2, 3\}$,其中

$$f(a) = 3, \quad f(b) = 1, \quad f(c) = 2$$

将表 6.11 的 $*$ 运算表与表 6-1 的 $*'$ 运算表比较可知,除元素符号和运算符号不同外,它们没有本质的区别,因此这两个代数系统同构.

5.设 h 是从群 $\langle G_1, * \rangle$ 到 $\langle G_2, *' \rangle$ 的群同态,G_1 和 G_2 的幺元分别为 e_1 和 e_2,证明

(1) $h(e_1) = e_2$;

(2) $\forall a G_1, h(a^{-1}) = h(a)^{-1}$;

(3) 若 $H \subseteq G_1$,则 $h(H) \subseteq G_2$(是包含关系 $\subseteq$ 吗?不应该是小于等于);

(4) 若 h 为单一同态,则 $\forall a \in G_1, |h(a)| = |a|$.

证明

(1) 因为 $h(e_1) *' h(e_1) = h(e_1 *' e_1) = h(e_1) = e_2 *' h(e_1)$,所以 $h(e_1) = e_2$.

(2)

$$\forall a \in G_1, \quad h(a) *' h(a^{-1}) = h(a *' a^{-1}) = h(e_1) = e_2$$

$$h(a^{-1}) *' h(a) = h(a^{-1} *' a) = h(e_1) = e_2$$

故

$$h(a^{-1}) = h(a)^{-1}$$

(3)

$$\forall c, d \in h(H), \quad \exists a, b \in H$$

使得
$$c = h(a),\quad d = h(b)$$
故
$$c *' d = h(a) *' h(b) = h(a * b)$$
因为
$$H \subseteq G$$
所以 $a * b \in H$,故 $c *' d \in h(H)$.

又 $c^{-1} = (h(a))^{-1} = h(a^{-1})$ 且 $a^{-1} \in H$,故 $c^{-1} \in h(H)$. 所以,$h(H) \subseteq G_2$.

(4) 若 $|a| = n$,则 $an = e_1$. 故 $(h(a))n = h(an) = h(e_1) = e_2$. 从而 $h(a)$ 的阶也有限,且 $|h(a)| \leqslant n$. 设 $|h(a)| = m$,则 $h(am) = (h(a))m = h(e_1) = e_2$. 因为 h 是单一同态,所以 $am = e_1$. 即 $|a| \leqslant m$,故 $|h(a)| = |a|$.

若 a 的阶是无限的,则类似于上述证明过程可以得出,$h(a)$ 的阶也是无限的. 结论成立.

习题　6.4

1. 对任意一个代数 $A = \langle S, *, 1\rangle$,证明相等关系和全域关系 $S \times S$ 两者都是 A 上的同余关系.

证明　R_1 表示 S 上的相等关系,即 $R_1 = \{\langle x, x\rangle \mid x \in S\}$,则 R_1 是 S 上的等价关系.

对所有 $a, b \in S$,若 aR_1b,则 $a = b$,所以对任意一个的 $c \in S$ 有 $ac = bc$,$ca = cb$,acR_1bc,caR_1cb,所以 R_1 是 A 上的同余关系.

令 $R_2 = S \times S$,则 R_2 是 S 上的等价关系,对所有的 $a, b \in S$,aR_2b,又所有的 c,ac,bc,ca,cb 都是 S 中的元素,所以 acR_2bc,caR_2cb. 因此,R_2 也是 A 上的同余关系.

2. 考虑代数 $A = \langle \mathbf{Z}, +\rangle$,对于 $\mathbf{Z}$ 上如下定义的每一个二元关系,证明或否定它是 A 上的同余关系.

(1) $x \sim y \Leftrightarrow (x < 0 \wedge y < 0) \vee (x \geqslant 0 \wedge y \geqslant 0)$;

(2) $x \sim y \Leftrightarrow |x - y| < 0$;

(3) $x \sim y \Leftrightarrow (x = y = 0) \vee (x \neq 0 \wedge y \neq 0)$;

(4) $x \sim y \Leftrightarrow x \geqslant y$.

证明

(1) $\sim$ 不是 $\langle \mathbf{Z}, +\rangle$ 的同余关系. 令 $a = -1$,$b = -4$,$c = 3$,则 $a \sim b$,但 $a + c \sim b + c$.

(2) $\sim$ 是 $\mathbf{Z}$ 上的空关系,因此
$$(a \sim b) \rightarrow (ac \sim bc) \wedge (ca \sim cb)$$
永真. 但 $\sim$ 不是 $\mathbf{Z}$ 的等价关系,所以 $\sim$ 不是 A 上的同余关系.

(3) $\sim$ 是 $\mathbf{Z}$ 上的等价关系,但不是 A 上的同余关系.

(4) $\sim$ 不是 $\mathbf{Z}$ 上的等价关系,因为它不具有对称性,所以它不是 A 上的同余关系.

3. 设代数 $A = \langle \mathbf{Z}, \Delta\rangle$,其中 $\mathbf{Z}$ 是整数集合,Δ 是如下定义的一元运算:
$$\Delta i = i^k (\bmod m)\ (m > 0,\quad k > 0)$$
关系 $\sim$ 定义为:
$$i_1 \sim i_2 \Leftrightarrow i_1 \equiv i_2 (\bmod m)$$
$\sim$ 是 A 中的同余关系吗?

解　$\sim$ 是 A 中的同余关系. 首先 $\sim$ 是 $\mathbf{Z}$ 上的等价关系. 又若 $i_1 \sim i_2$,则 $i_1 - i_2 = nm$,$n \in \mathbf{Z}$,因而
$$i_1^k - i_2^k = (i_1 - i_2)(i_1^{k-1} + i_2^{k-1} i_2 + \cdots + i_2^{k-1}) = nm(i1_1^{k-1} + i_1^{k-2} i2 + \cdots + i_2^{k-1})$$
所以
$$\Delta i_1 - \Delta i_2 = i_1^k (\bmod m) - i_2^k (\bmod m) = (i_1^k - i_2^k)(\bmod m) = 0 = 0\Delta m$$
$$\Delta i_1 \equiv \Delta i_2 (\bmod m)$$

$$\Delta i_1 \sim \Delta i_2$$

因此，$\sim$ 是 A 中的同余关系.

4.设代数 $A = \langle \mathbf{Z}, +, * \rangle$，$\mathbf{Z}$ 是整数集合，$+$，$*$ 是一般的加法和乘法，定义 $\mathbf{Z}$ 上的关系 $\sim$ 为

$$x \sim y \Leftrightarrow |x| = |y|$$

对运算 $+$，$\sim$ 是同余关系吗?对运算 $*$，$\sim$ 是同余关系吗?

解 $\sim$ 是 $\mathbf{Z}$ 上的等价关系.但对运算 $+$，$\sim$ 不是同余关系.例如:令 $a = -1$，$b = 1$，则 $a \sim b$，令 $c = 1$，则 $|a + c| \neq |b + c|$.

运算 $*$，$\sim$ 是同余关系.若 $a \sim b$，则 $|a| = |b|$，对所有的 c 属于 I，则 $|ac| = |a| * |c| = |b| * |c| = |bc|$，所以 $a * c \sim b * c$;又乘法满足交换率，所以 $c * a \sim c * b$，因此 $\sim$ 对于 x 是同余关系.

5.在分数集合 F 上定义一元运算 Δ 为

$$\Delta(P/Q) = P/Q^2$$

定义 F 上的等价关系 $\sim$ 为

$$P/Q \sim R/S \Leftrightarrow PS = RQ$$

试证明:关于运算 Δ，$\sim$ 不是同余关系.

证明 $\sim$ 是 F 上的等价关系，但不是 $\langle F, \Delta \rangle$ 的同余关系.例如:令 $a = 1/2$，$b = 2/4$，则 $a, b \in F$，且 $a \sim b$，但 $\Delta(a) = 1/4$，$\Delta(b) = 2/16$，$\Delta(a) \sim \Delta(b)$.因此，$\sim$ 不是 Δ 的同余关系.

6.考察代数 $A = \langle \mathbf{N}_3, +_3, \times_3 \rangle$，这里 $\mathbf{N}_3 = \{0,1,2\}$，$+_3$ 是模 3 加法，$\times_3$ 是模 3 乘法，$\sim$ 是 $\mathbf{N}_3$ 中任意一个等价关系.

证明:(1) 如果 $\sim$ 对 $+_3$ 满足置换性质，则对 $\times_3$ 也满足置换性质.

(2) 如果 $\sim$ 对 $\times_3$ 满足置换性质，则对 $+_3$ 却未必满足置换性质.

证明 (1) 若 $\sim$ 对 $+_3$ 满足置换性质，则 $a \sim b$ 时有 $a +_3 a \sim +_3$，即 $2a \sim 2b$.另外，$1a \sim 1b$，$0a \sim 0b$ 是显然的，所以，对任意 c 有 $ca \sim cb$.又乘法可交换，所以 $ac \sim bc$，因此等价关系 $\sim$ 对 $\times_3$ 也满足置换性质.

(2) 对于 $R = \{0\} \times \{0\} U \{1, 2\} \times \{1, 2\}$，它是 $\mathbf{N}_3$ 上的等价关系，且对 $\times_3$ 满足置换性质，但对 $+_3$ 不满足置换性质，因而(2)得证.

7.设 k 是一个自然数，描述 $\langle \{0,1,2,\cdots,k\}, \max \rangle$ 形式的代数上所有同余类.

解 设 R 是 $\langle \{0,1,2,\cdots,k\}, \max \rangle$ 上的同余关系，对所有 $m, n \in \{0,1,2,\cdots,k\}$，若有 mRn，其中 $m \leqslant n$，则对任意 p，$m \leqslant p \leqslant n$，欲 $\max\{m, p\} \sim \max\{n, p\}$，必须有 $p \sim n$.因此，若 $\sim$ 是同余关系，且 $m \sim n$，则 m，n 之间的一切整数必须在同一等价类中.因而，$\langle \{0,1,2,\cdots,k\}, \max \rangle$ 上的同余类为 $\{\{0,1,2,\cdots,i_1\}, \{i_1 + 1, i_1 + 2, \cdots, i_2\}, \cdots, \{i_s + 1, i_s + 2, \cdots, k\}\}$，其中 $0 \leqslant i_1 < i_2 < i_3 < \cdots < i_s \leqslant k$.

8.证明:在代数 $\langle S, *, \Delta \rangle$ 中任意两个同余关系的交也是一个同余关系.

证明 设 R_1，R_2 是集合 A 上的同余关系，则 R_1，R_2 都是 A 上的等价关系，因而 $R_1 \cap R_2$ 也是 A 上的等价关系.对于 A 上的任意一个二元运算 $*$，若有 $aR_1 \cap R_2 b$，则 $aR_1 b$ 且 $aR_2 b$，因而对任意 c 有 $acR_1 bc$，$caR_1 cb$，$acR_2 bc$，$caR_2 cb$，所以有 $acR_1 \cap R_2 bc$，$caR_1 \cap R_2 cb$，因此有 $\Delta aR_1 \Delta b$；$\Delta aR_2 \Delta b$，$\Delta aR_1 \cap R_2 \Delta b$.所以，$R_1 \cap R_2$ 对 Δ 也是同余关系，对于其他运算同样可证.因此，$R_1 \cap R_2$ 也是一个同余关系.

9.说明 $\sim$ 是代数 $\langle S, * \rangle$ 上的同余关系的条件，这里 $*$ 是 S 上的三元运算.在运算对象 a，b，c 上运算 $*$ 的结果为 $*(a, b, c)$.

解 $\sim$ 是代数 $\langle S, * \rangle$ 上的同余关系的条件如下:

（ⅰ）$\sim$ 是 S 上的等价关系.

（ⅱ）对所有的 a, a', b, b', c, c'?S，若 $a \sim a'$ 且 $b \sim b'$，$c \sim c'$，则 $*(a, b, c) \sim *(a', b', c')$.

10. 试证明：在一个代数中，两个同余关系的合成未必是同余关系.

证明　考虑代数 $\langle\{0, 1, 2\}, \max\rangle$，其上的两个关系为

$$R_1 = \{\langle 0,0\rangle, \langle 1,1\rangle, \langle 2,2\rangle, \langle 0,1\rangle, \langle 1,0\rangle\}$$

$$R_2 = \{\langle 0,0\rangle, \langle 1,1\rangle, \langle 2,2\rangle, \langle 1,2\rangle, \langle 2,1\rangle\}$$

是 $\langle\{0, 1, 2\}, \max\rangle$ 上的同余关系.但

$$R_1 \circ R_2 = \{\langle 0,0\rangle, \langle 1,1\rangle, \langle 2,2\rangle, \langle 0,2\rangle, \langle 0,1\rangle, \langle 1,2\rangle, \langle 2,1\rangle, \langle 1,0\rangle\}$$

不具有对称性，它不是一个等价关系，也不是同余关系.因此，两个同余关系的合成未必是同余关系.

习题　6.5

1. 设 R 是代数系统 $U = \langle X, *, \sim\rangle$ 上的一个同余关系，$\sim$ 和 $*$ 分别是定义在集合 X 上的一元运算和二元运算.构造一个新的代数系统 $V = \langle X/R, \times, \Delta\rangle$，其中

(1) $X/R = \{[x]_R \mid x \in X\}$.

(2) 对于任意的 $[x]_R, [y]_R \in X/R$，有

$$\Delta[x]_R = [\sim x]_R$$

$$[x]_R \times [y]_R = [x * y]_R$$

证明　代数系统 V 是 U 关于 R 的商代数.

证明　这里需要证明 V 确实是一个代数系统，为此要证明运算 $\times$ 和 Δ 是有意义的，即要证明应用 $\times$ 和 Δ 得运算结果不依赖于参加运算的等价类中的表示元素.实际上，若

$$[x]_R = [y]_R$$

则 $$\langle x, y\rangle \in R$$

因为 R 是同余关系，故有

$$\langle \sim x, \sim y\rangle \in R$$

于是有 $$[\sim x]_R = [\sim y]_R$$

因为 $$\Delta[x]_R = [\sim x]_R \text{和} \Delta[y]_R = [\sim y]_R$$

所以 $$\Delta[x]_R = \Delta[y]_R$$

因此，Δ 运算在 X/R 上是有定义的.

若 $$[x]_R = [y]_R,\quad [a]_R = [b]_R$$

则 $$\langle x, y\rangle \in R,\quad \langle a, b\rangle \in R$$

因为 R 是同余关系，故有

$$\langle x * a, y * b\rangle \in R$$

于是有 $$[x * a]_R = [y * b]_R$$

因为 $$[x]_R \times [a]_R = [x * a]_R \text{和} [y]_R \times [b]_R = [y * b]_R$$

所以 $$[x]_R \times [a]_R = [y]_R \times [b]_R$$

因此，$\times$ 运算在 X/R 上是有定义的.

由于运算 $\times$ 和 Δ 在 X/R 上都有定义，所以 $V = \langle X/R, \times, \Delta\rangle$ 是个代数系统，故 V 是 U 关于 R 的商代数.

2. 给定代数系统 $A = \langle S, *, \Delta\rangle$，其中 $S = \{a_1, a_2, a_3, a_4, a_5\}$，$*$ 和 Δ 都是一元运算，运算表如表

6.22(见教材)所示.R是S中的一种关系,能产生S的划分$\{\{a_1,a_3\},\{a_2,a_5\},\{a_4\}\}$.试证明:$R$是$A$的同余关系.用构造运算标的方法写出商代数$A/R$,并求出从$A$到$A/R$的满同态.

表　6.22

x	$*(x)$	$\Delta(y)$
a_1	a_4	a_3
a_2	a_3	a_2
a_3	a_4	a_1
a_4	a_2	a_3
a_5	a_1	a_5

证明　R是S中的一种关系,能产出S的划分,因此R是S上的一个等价关系.

(ⅰ)
$$a_1Ra_3,\quad *(a_1)=*(a_3)=a_4$$
所以
$$*(a_1)R*(a_3),\quad \Delta(a_1)=a_3,\quad \Delta(a_3)=a_1$$
所以
$$\Delta(a_1)R\Delta(a_3)$$
(ⅱ)
$$a_2Ra_5,\quad *(a_2)=a_3,\quad *(a_5)=a_1$$
所以
$$*(a_2)R*(a_5),\quad \Delta(a_2)=a_2,\quad \Delta(a_5)=a_5$$
所以
$$\Delta(a_2)R\Delta(a_5)$$
(ⅲ)对所有a_i属于S,a_iRa_i,且有$*(a_i)R*(a_i)$,$\Delta(a_i)R\Delta(a_i)$,因此R是A的同余关系.
$$S/R=\{[a_1],[a_2],[a_3]\}$$
商代数的运算表如表6-2所示.

表　6-2

$\Delta'([x])$	$[x]$	$X'([x])$
$[a_1]$	$[a_1]$	$[a_4]$
$[a_2]$	$[a_2]$	$[a_1]$
$[a_1]$	$[a_4]$	$[a_2]$

A到A/R的满同态为
$$h: S\to S/R$$
$$h(a_1)=[a_1],\quad h(a_2)=[a_2],\quad h(a_3)=[a_1],\quad h(a_4)=[a_4],\quad h(a_5)=[a_5]$$

3.填空题.设$\langle S,\odot\rangle$与$\langle T,*\rangle$是同类型的,而$\langle S\times T,\otimes\rangle$成为新的代数结构,其中$S\times T$是集合$S$和集合$T$的笛卡儿积,且$\otimes$定义如下:
$$\langle s_1,t_1\rangle\otimes\langle s_2,t_2\rangle=\langle s_1\odot s_2,t_1*t_2\rangle,\text{其中 } s_1,s_2\in S,t_1,t_2\in T$$
则称$\langle S\times T,\otimes\rangle$为代数结构$\langle S,\odot\rangle$和$\langle T,*\rangle$的____,而代数结构$\langle S,\odot\rangle$和$\langle T,*\rangle$称为$\langle S\times T,*\rangle$的____.

解　积代数,因子代数

4 设$V_1=\langle\{0,1,2\},+_3\rangle$.$V_2=\langle\{0,1\},\times_2\rangle$,其中$+_3$表示模3加法,$\times_2$表示模2乘法.构造积代数

$V_1 \times V_2$ 的运算表.

解　积代数 $V_1 \times V_2$ 的运算表如表 6-3 所示.

表　6-3

	⟨0,0⟩	⟨0,1⟩	⟨1,0⟩	⟨1,1⟩	⟨2,0⟩	⟨2,1⟩
⟨0,0⟩	⟨0,0⟩	⟨0,0⟩	⟨1,0⟩	⟨1,0⟩	⟨2,0⟩	⟨2,0⟩
⟨0,1⟩	⟨0,0⟩	⟨0,1⟩	⟨1,0⟩	⟨1,1⟩	⟨2,0⟩	⟨2,1⟩
⟨1,0⟩	⟨1,0⟩	⟨1,0⟩	⟨2,0⟩	⟨2,0⟩	⟨0,0⟩	⟨0,0⟩
⟨1,1⟩	⟨1,0⟩	⟨1,1⟩	⟨2,0⟩	⟨2,1⟩	⟨0,0⟩	⟨0,1⟩
⟨2,0⟩	⟨2,0⟩	⟨2,0⟩	⟨0,0⟩	⟨0,0⟩	⟨1,0⟩	⟨1,0⟩
⟨2,1⟩	⟨2,0⟩	⟨2,1⟩	⟨0,0⟩	⟨0,1⟩	⟨1,0⟩	⟨1,1⟩

5 设 $V_1 = \langle \mathbf{Z}, + \rangle$，集合 A 有三个元素，$V_2 = \langle M_{A\times A}, \bigcirc \rangle$，求 V_1 和 V_2 的积代数.

解　V_1 和 V_2 的积代数为

$$V_1 \times V_2 = \langle \mathbf{Z} \times M_{A\times A}, \odot \rangle$$

其中运算 $\odot$ 为二元运算，对

$$\forall \langle \mathbf{Z}_1, M_1 \rangle,\quad \langle \mathbf{Z}_1, M_2 \rangle \in \mathbf{Z} \times M_{A\times A}$$

$$\langle \mathbf{Z}_1, M_1 \rangle \cdot \langle \mathbf{Z}_1, M_2 \rangle = \langle \mathbf{Z}_1 + \mathbf{Z}_2, M_1 \circ M_1 \rangle$$

V_1 有代数常数 0，V_2 有代数常数

$$< \begin{bmatrix} 1 & 0 & 0 \\ 0 & 1 & 0 \\ 0 & 0 & 1 \end{bmatrix} >$$

则 $V_1 \times V_2$ 有代数常数

$$< 0, \begin{bmatrix} 1 & 0 & 0 \\ 0 & 1 & 0 \\ 0 & 0 & 1 \end{bmatrix} >$$

第 7 章　群　论

一、重点内容提要

半群：代数系统的运算满足结合律就是半群.

独异点（含幺半群）：半群中含有幺元.

子半群：子代数概念在半群上的推广（也有平凡子半群和真子半群之区分）.

子独异点：子代数概念在独异点上的推广（也有平凡子独异点和真子独异点之区分）.

可交换半群（可交换独异点）：在半群（独异点）中的运算满足交换律.

生成元：自身进行多次运算就表示其他元素的特殊元素.

循环独异点：含有生成元的独异点.

群：运算满足结合律、含有幺元、每个元素都有逆元的代数.

有限（无限）群：当群的载体元素是有限（无限）时.

群的阶：有限群载体的基数.

可交换群（阿贝尔群）：对于群的二元运算满足交换律时.

元素的阶（周期）：元素自身多次运算后变成幺元，该运算次数就是周期.

子群：子代数概念在群上的推广（也有平凡子群和真子群之区分）.

置换群：由置换为元素，合成为运算构成的群.

循环群：每个元素都可以由生成元生成的群.

左（右）陪集：由群的某个表示元素与一个子群每个元素左（右）运算所得到元素构成的集合.

拉格朗日定理：一个有限群的任意子群的阶数可以除尽群的阶数.

正规子群：当某个子群的左、右陪集相等时，该子群就是正规子群.

商群：正规子群诱导出的陪集是对群的载体的等价划分，由这些等价类为元素构成载体，定义新的运算、常数、逆元后构成的群.

群的直接乘积：积代数概念在群上的推广

环：对于有两个二元运算 $+$ 和 $\cdot$ 的群，当 $+$ 运算可交换，$\cdot$ 运算可结合，$+$ 运算对 $\cdot$ 运算可分配时称该群为环.

零因子：两个非零元运算后成为零元，这个两个元素就是零因子.

含（无）零因子环：含（无）有零因子的环.

含幺环：如果 $\langle R, \cdot\rangle$ 是含幺半群，称 $\langle R, +, \cdot\rangle$ 是含幺环.

整环：两个运算可交换，含幺而且无零因子的环.

域:$\langle F-\{0\},\cdot\rangle$ 是群,$\langle F,+,\cdot\rangle$ 是整环,也称为域.

子环:子代数的概念在环上的推广.

左(右)理想:左(右)陪集的概念在环上的推广.

商环:商群的概念在环上的推广.

二、知识结构网络图

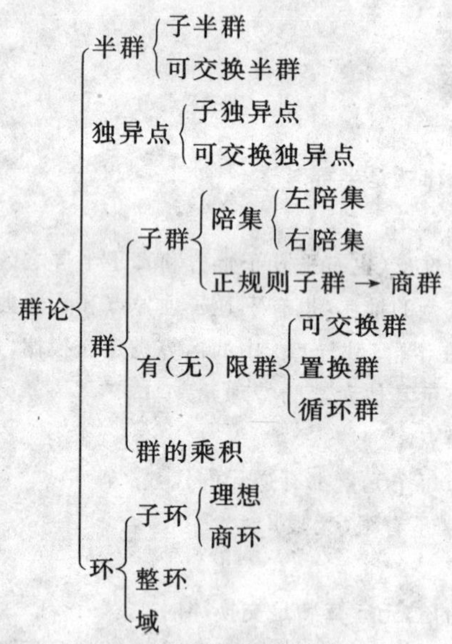

三、基本要求与考核点

1. 半群、独异点和群的概念及要求

(1) 熟悉半群、独异点和群的定义,能判断各代数是否成立.

(2) 熟悉半群、独异点和群上的运算、常数等.

2. 半群、独异点和群的分类

(1) 熟悉半群、独异点和群上的可交换性.

(2) 熟悉半群、独异点和群的阶的有限性和无限性.

3. 子群的定义

(1) 熟悉子群的定义.

(2) 了解子群生成陪集合的定义,与子群之间的联系.

4. 特殊群

(1) 熟悉置换群的定义.

(2) 了解循环群的定义,生成元的定义.

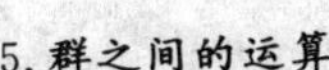

5. 群之间的运算

(1) 熟悉商群的概念.

(2) 能由正规子群求出商群.

(3) 能通过两个群的积运算构造群的乘积.

(4) 能定义商群、群的乘积上的新运算.

6. 环与域

(1) 了解环的概念.

(2) 能由环的定义扩充到域.

(3) 能理解理想的概念

(4) 能求出商环.

本章的重点：

(1) 子群的相关性质和陪集.

(2) 循环群的判定，生成元的求法.

本章的难点：

(1) 由陪集诱导商集、等价划分、同于关系.

(2) 商群的求法.

四、习题详解

习题　7.1

1. 设 $\langle S, *\rangle$ 为半群，$a \in S$. 令 $S_a = \{a_i \mid i \in \mathbf{Z}_+\}$. 试证：$\langle S_a, *\rangle$ 是 $\langle S, *\rangle$ 的子半群.

证明　$\forall b, c \in S_a$，则存在 $k, l \in \mathbf{Z}_+$，使得 $b = a_k, c = a_l$. 从而 $b * c = a_k * a_l = a_k + l$. 因为 $k + l \in \mathbf{Z}_+$，所以 $b * c \in S_a$，即 S_a 关于运算 $*$ 封闭. 故 $\langle S_a, *\rangle$ 是 $\langle S, *\rangle$ 的子半群.

2. 设半群 $\langle S, *\rangle$ 中消去律成立，证明：$\langle S, *\rangle$ 是可交换半群，当且仅当 $\forall a, b \in S, (a * b)2 = a^2 * b^2$.

证明　$\forall a, b \in S \Rightarrow \langle S, *\rangle$ 是可交换半群 $\forall a, b \in S$，

$$(a * b)2 = (a * b) * (a * b) = ((a * b) * a) * b = (a * (a * b)) * b = ((a * a) * b) * b = (a * a) * (b * b) = a_2 * b_2$$

$\langle S, *\rangle$ 是可交半群 $\Rightarrow \forall a, b \in S, \forall a, b \in S$，

因为
$$(a * b)_2 = a_2 * b_2$$

所以
$$(a * b) * (a * b) = (a * a) * (b * b)$$

故
$$a * ((b * a) * b) = a * (a * (b * b))$$

由于 $*$ 满足消去律，所以

$$(b * a) * b = a * (b * b)$$

即 $(b * a) * b = (a * b) * b$. 从而 $a * b = b * a$. 故 $*$ 满足交换律.

3. 设 $A = \{2, 4, 6\}$，A 上的二元运算 $*$ 定义为 $a * b = \max\{a, b\}$，则在独异点 $\langle A, *\rangle$ 中，幺元是(　　)，零元是(　　).

答 2,6.

4. 设$A=\{3,6,9\}$,A上的二元运算$*$定义为$a*b=\min\{a,b\}$,则在独异点$\langle A,*\rangle$中,幺元是(　　),零元是(　　).

答 9,3.

5. 若$\langle S,*\rangle$是可交换独异点,T为S中所有等幂元的集合,证明:$\langle T,*\rangle$是$\langle S,*\rangle$的子独异点.

证明

因为$e*e=e$,所以$e\in T$,即T是S的非空子集.

$\forall a,b\in T$,因为$\langle S,*\rangle$是可交换独异点,所以

$$(a*b)*(a*b)=((a*b)\ a)*b=(a*(b*a))*b=(a*(a*b))*b=$$
$$((a*a)*b)*b=(a*a)*(b*b)=a*b,\quad 即\ a*b\in T$$

故$\langle T,*\rangle$是$\langle S,*\rangle$的子独异点.

习题　7.2

1. 在半群$\langle G,*\rangle$中,若对$\forall a,b\in G$,方程$a*x=b$和$y*a=b$都有惟一解,证明:$\langle G,*\rangle$是一个群.

证明

任意取定$a\in G$,记方程$a*x=a$的惟一解为eR.即$a*eR=a$.

下证eR为关于运算$*$的右幺元.

对$\forall b\in G$,记方程$y*a=b$的惟一解为y.因为$\langle G,*\rangle$是半群,运算$*$满足结合律.所以

$$b*eR=(y*a)*eR=y*(a*eR)=y*a=b$$

类似地,记方程$y*a=a$的唯一解为eL,即$eL*a=a$.

下证eL为关于运算$*$的左幺元.

对$\forall b\in G$,记方程$a*x=b$的惟一解为x.因为$\langle G,*\rangle$是半群,运算$*$满足结合律.所以

$$eL*b=eL*(a*x)=(eL*a)*x=a*x=b$$

从而在半群$\langle G,*\rangle$中,关于运算$*$存在幺元,记为e.

现证G中每个元素关于运算$*$存在逆元.

对$\forall b\in G$,记c为方程$b*x=e$的惟一解.下证c为b关于运算的逆元.记$d=c*b$,则

$$b*d=(b*c)*b=e*b=b$$

因为

$$b*e=b$$

且方程$b*x=b$有惟一解,$d=e$.所以,$b*c=c*b=e$,从而c为b关于运算的逆元.

综上所述,$\langle G,*\rangle$是一个群.

2. 设$\langle G,*\rangle$是一个群,则

(1) 若$a,b,x\in G$,$a*x=b$,则$x=$(　　);

(2) 若$a,b,x\in G$,$a*x=a*b$,则$x=$(　　).

答 (1) $a^{-1}*b$;　　(2) b.

3. 设a是12阶群的生成元,则a^2是(　　)阶元素,a^3是(　　)阶元素.

解 6,4.

4. 代数系统$\langle G,*\rangle$是一个群,则G的等幂元是(　　).

解 幺元.

5.设 a 是10阶群的生成元，则 a^4 是(　　)阶元素，a^3 是(　　)阶元素.

解　5,10.

6.群 $\langle G,*\rangle$ 的等幂元是(　　)，有(　　)个.

解　幺元,1.

7.设 $\langle G,*\rangle$ 是一个群，$a,b,c\in G$，则

(1) 若 $c*a=b$，则 $c=$(　　)；

(2) 若 $c*a=b*a$，则 $c=$(　　).

解　(1) $b*a^{-1}$；(2) b.

8.$\langle H,*\rangle$ 是 $\langle G,*\rangle$ 的子群的充分必要条件是(　　).

解　$\langle H,*\rangle$ 是群或 $\forall a,b\in G$，$a*b\in H$，$a-1\in H$ 或 $\forall a,b\in G$，$a*b-1\in H$.

9.群 $\langle A,*\rangle$ 的等幂元有(　　)个，是(　　)，零元有(　　)个.

解　1,幺元,0.

10.在一个群 $\langle G,*\rangle$ 中，若 G 中的元素 a 的阶是 k，则 a^{-1} 的阶是(　　).

解　k.

11.设 $\langle G,*\rangle$ 是群，$a\in G$. 令 $H=\{x\in G\mid a*x=x*a\}$. 试证：H 是 G 的子群.

证明　$\forall c,d\in H$，则对 $\forall c,d\in HK$，$c*a=a*c$，$d*a=a*d$. 故

$$(c*d)*a=c*(d*a)=c*(a*d)=(c*a)*d=(a*c)*d=a*(c*d)$$

从而

$$c*d\in H$$

由于 $c*a=a*c$，且满足消去律，所以

$$a*c^{-1}=c^{-1}*a$$

故

$$c^{-1}\in H$$

从而 H 是 G 的子群.

12.证明：偶数阶群中阶为2的元素的个数一定是奇数.

证明

设 $\langle G,*\rangle$ 是偶数阶群，则由于群的元素中阶为1的只有一个幺元，阶大于2的元素是偶数个，剩下的元素中都是阶为2的元素，故偶数阶群中阶为2的元素一定是奇数个.

13.证明：有限群中阶大于2的元素的个数一定是偶数.

证明

设 $\langle G,\cdot\rangle$ 是有限群，则 $\forall a\in G$，有 $|a|=|a^{-1}|$. 当 a 阶大于2时，$a\neq a^{-1}$，故阶数大于2的元素成对出现，从而其个数必为偶数.

14.设 $\langle G,\cdot\rangle$ 是群，$a,b\in G$，$a\neq e$，且 $a^4b=ba^5$. 试证 $ab\neq ba$.

证明　用反证法证明.

假设 $ab=ba$，则

$$a_4b=a_3(ab)=a_3(ba)=(a_5b)a=(a_2(ab))a=(a_2(ba))a=((a_2b)a)a=$$

$$(a(ab))(aa)=(a(ba))a_2=((ab)a)a_2=((ba)a)a_2=(ba_2)a_2=b(a_2a_2)=ba_4$$

因为 $a_4b=ba_5$，所以 $ba_5=ba_4$. 由消去律得，$a=e$. 这与已知矛盾.

15.**Z** 上的二元运算 $*$ 定义为 $\forall a,b\in\mathbf{Z}$，$a*b=a+b-2$. 试证：$\langle\mathbf{Z},*\rangle$ 为群.

证明

(1) $\forall a,b,c \in \mathbf{Z}$

$$(a*b)*c=(a*b)+c-2=(a+b-2)+c-2=a+b+c-4, a*(b*c)=$$
$$a+(b*c)-2=a+(b+c-2)-2=a+b+c-4$$

故

$$(a*b)*c=a*(b*c)$$

从而，$*$ 满足结合律.

(2) 记 $e=2$. 对 $\forall a \in \mathbf{Z}$,

$$a*2=a+2-2=a=2+a-2=2*a$$

故 $e=2$ 是 I 关于运算 $*$ 的幺元.

(3) 对 $\forall a \in \mathbf{Z}$,因为

$$a*(4-a)=a+4-a-2=2=e=4-a+a-2=(4-a)*a$$

故 $4-a$ 是 a 关于运算 $*$ 的逆元.

综上所述,$\langle \mathbf{Z},*\rangle$ 为群.

16. $\langle S,\cdot\rangle$ 为半群,$a\in S$. 令 $S_a=\{a_i \mid i\in \mathbf{Z}_+\}$. 试证:$\langle S_a,\cdot\rangle$ 是 $\langle S,\cdot\rangle$ 的子半群.

证明

$\forall b,c\in S_a$,则存在 $k,l\in \mathbf{Z}_+$,使得 $b=ak,c=al$,从而 $b\cdot c=ak\cdot al=ak+l$. 因为 $k+l\in \mathbf{Z}_+$,所以 $b\cdot c\in S_a$,即 S_a 关于运算封闭,故 $\langle S_a,\cdot\rangle$ 是 $\langle S,\cdot\rangle$ 的子半群.

17. 设 a 是一个群 $\langle G,*\rangle$ 的生成元,证明:a^{-1} 也是它的生成元.

证明

$\forall x\in G$,因为 a 是 $\langle G,*\rangle$ 的生成元,所以存在整数 k,使得 $x=a^k$,故

$$x=((a^k)^{-1})^{-1}=((a^{-1})^k)^{-1}-(a^{-1})^k$$

从而 $a-1$ 也是 $\langle G,*\rangle$ 的生成元.

18. 若群 $\langle G,*\rangle$ 的子群 $\langle H,*\rangle$ 满足 $|G|=2|H|$,证明:$\langle H,*\rangle$ 一定是群 $\langle G,*\rangle$ 的正规子群.

证明

由已知可知,G 关于 H 有两个不同的左陪集 H,H_1 和两个不同的右陪集 H,H_2. 因为 $H\cap H_1=\varnothing$ 且 $H\cup H_1=G,H\cap H_2=\varnothing$ 且 $H\cup H_2=G$,故 $H_1=G-H=H_2$.

对 $\forall a\in G$,若 $a\in H$,则 $aH=H,Ha=H$. 否则因为 $a\in G-H$,故 $aH\neq H,Ha\neq H$. 从而 $aH=Ha=G-H$,故 H 是 G 的不变子群.

19. 设 H 和 K 都是 G 的有限子群,且 $|H|$ 与 $|K|$ 互质. 试证:$H\cap K=\{e\}$.

证明　用反证法证明.

若 $H\cap K\neq\{e\}$. 则 $H\cap K$ 是一个元素个数大于 1 的有限集. 先证 $H\cap K$ 也是 G 的子群,从而也是 H 和 K 的子群.

$\forall a,b\in H\cap K$,则 $a,b\in H$ 且 $a,b\in K$. 因为 H 和 K 都是 G 的子群,故 $a\cdot b,a-1\in H$ 且 $a\cdot b,a-1\in K$. $a\cdot b\in H\cap K,a-1\in H\cap K$,故 $H\cap K$ 是 G 的子群,从而也是 H 和 K 的子群.

由拉格朗日定理可知,$|H\cap K|$ 是 $|H|$ 和 $|K|$ 的因子,这与已知矛盾.

20. 设 $G=(a)$,若 G 为无限群,证明:G 只有两个生成元 a 和 a^{-1}.

证明

$\forall b \in G = (a)$，则 $\exists n \in \mathbf{Z}$，使 $b = an$，故 $b = (a-n)-1 = (a-1)-n$，从而 $a-1$ 也是 G 的生成元.

若 c 是 G 的生成元，则 $\exists k, m \in I$，分别满足 $c = ak$ 和 $a = cm$，从而 $c = (cm)k = cmk$. 若 $km \neq 1$，则由消去律可知 c 的阶是有限的，这与 $|G|$ 无限矛盾. 从而，$km = 1$，即 $k = 1, m = 1$ 或 $k = -1, m = -1$，故 $c = a$ 或 $c = a^{-1}$.

G 只有两个生成元 a 和 a^{-1}.

21. 在半群 $\langle G, * \rangle$ 中，若对 $\forall a, b \in G$，方程 $a * x = b$ 和 $y * a = b$ 都有唯一解，证明：$\langle G, * \rangle$ 是一个群.

证明

任意取定 $a \in G$，记方程 $a * x = a$ 的唯一解为 eR，即 $a * eR = a$.

下证 eR 为关于运算 $*$ 的右幺元.

对 $\forall b \in G$，记方程 $y * a = b$ 的唯一解为 y. 因为 $\langle G, * \rangle$ 是半群，运算 $*$ 满足结合律. 所以

$$b * eR = (y * a) * eR = y * (a * eR) = y * a = b$$

类似地，记方程 $y * a = a$ 的唯一解为 eL，即 $eL * a = a$.

下证 eL 为关于运算 $*$ 的左幺元.

对 $\forall b \in G$，记方程 $a * x = b$ 的唯一解为 x. 因为 $\langle G, * \rangle$ 是半群，运算 $*$ 满足结合律. 所以

$$eL * b = eL * (a * x) = (eL * a) * x = a * x = b$$

从而，在半群 $\langle G, * \rangle$ 中，关于运算 $*$ 存在幺元，记为 e.

现证 G 中每个元素关于运算 $*$ 存在逆元.

对 $\forall b \in G$，记 c 为方程 $b * x = e$ 的唯一解. 下证 c 为 b 关于运算的逆元，记 $d = c * b$，则

$$b * d = (b * c) * b = e * b = b$$

因为

$$b * e = b$$

且方程 $b * x = b$ 有唯一解，所以 $d = e$. $b * c = c * b = e$，从而 c 为 b 关于运算的逆元.

综上所述，$\langle G, * \rangle$ 是一个群.

习题　7.3

1. 设 G 是由 12 个元素构成的循环群，a 是 G 的一个生成元，则 G 有 6 个子群，G 的生成元素的集合是________.

答　$\{I, a, a^3, a^5, a^7, a^{11}\}$.

2. 设 $\langle S_5, \circ \rangle$ 是集合 $M = \{1, 2, 3, 4, 5\}$ 的置换与合成运算构成的群，$\boldsymbol{\sigma} = \begin{pmatrix} 1 & 2 & 3 & 4 & 5 \\ 2 & 3 & 1 & 5 & 4 \end{pmatrix}$，求由 $\boldsymbol{\sigma}$ 生成的循环群和所有生成子群及生成元素.

解　$\boldsymbol{\sigma}$ 生成的循环群的载体为

$$\langle \boldsymbol{\sigma} \rangle = \{I, \sigma, \sigma^2, \sigma^2, \sigma^3, \sigma^4, \sigma^5, \sigma^6\} \quad (I \text{ 为恒等置换})$$

$\boldsymbol{\sigma}$ 的子群载体为

$$H_1 = \{I, (123), (132)\}$$

其生成元为(123)，(132). $H_2 = \{I, (45)\}$，其生成元为(45).

3. 求循环群 $C_{12} = \{e, a, a^2, \cdots, a^{11}\}$ 中 $H = \{e, a^4, a^8\}$ 的所有右陪集.

解　因为 $|C_{12}| = 12$，$|H| = 3$，所以 H 的不同右陪集有 4 个：H，$\{a, a^5, a^9\}$，$\{a^2, a^6, a^{10}\}$，$\{a^3, a^7, a^{11}\}$.

4. 试求出 8 阶循环群的所有生成元和所有子群.

解 设 G 是 8 阶循环群,a 是它的生成元. 则 $G=\{e,a,a^2,\cdots,a^7\}$. 由于 a_k 是 G 的生成元的充分必要条件是 k 与 8 互素,故 a,a^3,a^5,a^7 是 G 的所有生成元.

因为循环群的子群也是循环群,且子群的阶数是 G 的阶数的因子,故 G 的子群只能是 1 阶的、2 阶的、4 阶的或 8 阶的. 因为 $|e|=1$, $|a|=|a^3|=|a^5|=8$, $|a^2|=|a^6|=8$, $|a^4|=2$,且 G 的子群的生成元是该子群中 a 的最小正幂,故 G 的所有子群除两个平凡子群外,还有 $\{e,a^4\}$, $\{e,a^2,a^4,a^6\}$.

5. $\mathbf{Z}$ 上的二元运算 $*$ 定义为 $\forall a,b\in\mathbf{Z}, a*b=a+b-2$. 试问 $\langle\mathbf{Z},*\rangle$ 是循环群吗?

解 $\langle\mathbf{Z},*\rangle$ 是循环群. 因为 $\langle\mathbf{Z},*\rangle$ 是无限阶的循环群,则它只有两个生成元. 1 和 3 是它的两个生成元. 因为 $an=na-2(n-1)$,故 $1n=n-2(n-1)=2-n$. 从而,对任意一个 $k\in\mathbf{Z}$, $k=2-(2-k)=12-k$,故 1 是 $\langle\mathbf{Z},*\rangle$ 的生成元. 又因为 1 和 3 关于 $*$ 互为逆元,故 3 也是 $\langle\mathbf{Z},*\rangle$ 的生成元.

6. 设 $\langle G,\cdot\rangle$ 是没有非平凡子群的有限群. 试证:G 是平凡群或质数阶的循环群.

证明 若 G 是平凡群,则结论显然成立. 否则,设 $\langle G,\cdot\rangle$ 的阶为 n. 任取 $a\in G$ 且 $a\neq e$,记 $H=(a)$(由 a 生成的 G 的子群). 显然 $H\neq\{e\}$,且 G 没有非平凡子群,故 $H=G$. 从而,G 一定是循环群,且 a 是 G 的生成元.

若 n 是合数,则存在大于 1 的整数 k,m,使得 $n=mk$. 记 $H=\{e,ak,(ak)2,\cdots,(ak)m-1\}$,易证 H 是 G 的子群,但 $1<|H|=m<n$,故 H 是 G 的非平凡子群. 这与已知矛盾. 从而 n 是质数. G 是质数阶的循环群.

综上所述,G 是平凡群或质数阶的循环群.

7. 证明:素数阶循环群的每个非幺元都是生成元.

证明 设 $\langle G,*\rangle$ 是 p 阶循环群,p 是素数. 对 G 中任意一个非幺元 a. 设 a 的阶为 k,则 $k\neq1$. 由拉格朗日定理可知,k 是 p 的正整因子. 因为 p 是素数,故 $k=p$,即 a 的阶就是 p,即群 G 的阶. 所以,a 是 G 的生成元.

8. 设 $G=(a)$, $|G|=n$,则对于 n 的每一个正因子 d,有且仅有一个 d 阶子群. 证明:n 阶循环群的子群的个数恰为 n 的正因子数.

证明 (1) 对 n 的每一个正因子 d,令

$$k=\frac{n}{d},\quad b=ak,\quad H=\{e,b,b2,\cdots,bd-1\}$$

因为 $|a|=n$,所以

$$bd=(ak)d=akd=an=e\quad 且\quad |b|=d$$

从而 H 中的元素是两两不同的,易证 $H\leqslant G$. $|H|=d$,所以是 G 的一个 d 阶子群.

设 H_1 是 G 的任意一个 d 阶子群,则 $H_1=(am)$,其中 am 是 H_1 中 a 的最小正幂,且 $|H|=\dfrac{n}{m}$. 因为 $|H|=d$,所以 $m=\dfrac{n}{d}=k$,即 $H=H_1$. 从而 H 是 G 的惟一 d 阶子群.

(2) 设 H 是 G 的唯一的 d 阶子群. 若 $d=1$,则结论显然成立;否则,$H=(am)$,其中 am 是 H 中 a 的最小正幂. 又因为,$d=\dfrac{n}{m}$,故 d 是 n 的一个正因子.

9. 证明:在同构意义下,只有两个四阶群,且都是循环群.

证明 在 4 阶群 G 中,由 Lagrange 定理知,G 中的元素的阶只能是 1,2 或 4. 阶为 1 的元素恰有一个,就是幺元 e.

若 G 有一个 4 阶元素,不妨设为 a,则 $G=(a)$,即 G 是循环群,从而是可交换群.

若G没有4阶元素,则除幺元e外,G的其余3个阶均为2,不妨记为a,b,c. 因为a,b,c的阶均为2,故$a^{-1}=a,b^{-1}=b,c^{-1}=c$. 从而$a\cdot b\cdot a$, $a\cdot b\cdot b$, $a\cdot b\cdot e$,故$a\cdot b=c$. 同理可得$a\cdot c=c\cdot a=b$, $c\cdot b=b\cdot c=a$, $b\cdot a=c$.

习题 7.4

1. 非空集合L,其上定义二元运算$*$,⊛,如果$\langle L,*\rangle$是交换群,$\langle L,⊛\rangle$是(　　),而且二元运算⊛对$*$满足分配律,则L对运算⊛,$*$构成环.

解 半群.

2. 设$\mathbf{R}$是实数集,$+$为数的加法,$\times$定义为$a\times b=|a|b$,试问$\mathbf{R}$对二元运算$+$和$\times$是否构成环?

解 $\langle \mathbf{R},+,\times\rangle$不构成环. 因为

$$(2+(-3))\ 4\neq 2\times 4+(-3)\times 4$$

3. 设$A=\left\{\begin{pmatrix}a & 2b\\ b & a\end{pmatrix}\middle| a,b\in\mathbf{R}\right\}$,证明:$A$关于矩阵的加法和乘法构成环.

证明

$$\forall\begin{pmatrix}a & 2b\\ b & a\end{pmatrix},\quad \begin{pmatrix}c & 2d\\ d & c\end{pmatrix}\in A\Rightarrow\begin{pmatrix}a & 2b\\ b & a\end{pmatrix}+\begin{pmatrix}c & 2d\\ d & c\end{pmatrix}=\begin{pmatrix}a+c & 2(b+d)\\ b+d & a+c\end{pmatrix}\in A$$

且$+$满足交换律与结合律,$\begin{pmatrix}0 & 0\\ 0 & 0\end{pmatrix}$是幺元,$\begin{pmatrix}a & 2b\\ b & a\end{pmatrix}\in A$,有逆元$\begin{pmatrix}-a & -2b\\ -b & -a\end{pmatrix}\in A$,于是$\langle A,+\rangle$是交换群.

$$\forall\begin{pmatrix}a & 2b\\ b & a\end{pmatrix},\quad \begin{pmatrix}c & 2d\\ d & c\end{pmatrix}\in A\Rightarrow\begin{pmatrix}a & 2b\\ b & a\end{pmatrix}\begin{pmatrix}c & 2d\\ d & c\end{pmatrix}=\begin{pmatrix}ac+2bd & 2(ad+bc)\\ bc+ad & ac+2bd\end{pmatrix}\in A$$

且矩阵乘法具有结合律,所以$\langle A,+,\cdot\rangle$是一个环.

4. 考虑整数环$\mathbf{Z}$.

(1)$\mathbf{Z}$是交换的吗?(2)$\mathbf{Z}$有幺元素吗?

解 (1) 由于对任何整数$a,b\in\mathbf{Z}$都有$ab=ba$,因此$\mathbf{Z}$是交换的.

(2)$\mathbf{Z}$的幺元素是数1.

5. 求模m整数环$\mathbf{Z}_m$的幺元.

解 若a是$\mathbf{Z}_m$的一个单位,则$a^1a=1(\mathrm{mod}\ m)$,或者在$\mathbf{Z}$中,

$$a^1-a=1+rm\text{ 或是 }a^1a-rm=1$$

这就表明a和m的任意一个公因子必须除尽1,即a和m是互质的. 因此,若$\mathbf{Z}$中的a和m是互质的,则(应用最大公因子$g.c.d.$)

$$1=g.c.d.(a,m)=pa+qm$$

或

$$pa\equiv 1(\mathrm{mod}\ m)$$

它表明a是$\mathbf{Z}_m$的一个幺元(具有逆p). 因此$\mathbf{Z}_m$的单位恰恰是那些与m互质的整数.

6. 证明:在环R中有$a*0=0*a=0$.

证明 由于$0=0+0$,因此有$a*0=a(0+0)=a*0+a*0$. 两端加上$-(a*0)$,得$0=a*0$. 同理,可得$0*a=0$.

7. 设环R具有幺元1,J是R的一个理想,再设1不属于J. 证明:$1+J$是R/J的一个幺元素.

证明　对于任意一个陪集 $a+J$，有

$$(a+J)(1+J)=a*1+J=a+J$$

以及

$$(1+J)(a+J)=1*a+J=a+J$$

因此，$1+J$ 是 R/J 的一个幺元素.

8. 设 K 是具有幺元素 $\mathbf{Z}$ 的交换环的一个极大理想. 证明：商环 R/K 是一个域.

证明　由于 $K\neq R$，因此 $\mathbf{Z}$ 不属于 K. 而且，陪集 $\mathbf{Z}+K$ 是 R/K 的一个幺元素，R/K 是交换的，剩下的是证明任意一个陪集但不是 K 在 R/K 中有一个乘法的逆元素. 设 $a+K\neq K$，则 a 不属于 K，令

$$J=\{ra+sk\ :r,s\in R,k\in K\}$$

则 J 是一个同时含有 a 和 K 的理想. 由于 a 不属于 K，因此 $K\neq J$. 因为 K 是一个极大理想，因此 $J=R$. 这样，$\mathbf{Z}\in J$，因此存在 $r_0,s_0\in R$ 以及 $k_0\in K$ 使得 $1=r_0a+s_0k_0$. 于是有

$$1+K=r_0a+s_0k_0+K=r_0a+K=(r0_+\ K)(a+K)$$

从而，r_0+K 是 $a+K$ 的乘法逆元素，故 R/K 是一个域.

第 8 章　格与布尔代数

一、重点内容提要

格：每一对元素都有最大小界和最小上界的偏序集合，还可以将格作为代数系统来研究.

保交：两正整数的最大公因数.

保联：两正整数的最小公倍数.

对偶：改变偏序集合中偏序的顺序，保持载体不变而得到新的偏序集合.

格的性质：自反性、反对称性、可传递性、交换律、结合律、等幂律、吸收律、保序性、分配不等式、模不等式等.

作为代数的格：代数系统中的两个二元运算如果满足交换律、结合律、吸收律和等幂律就是格.

子格：子代数概念在格上的推广和应用.

格的乘积：积代数概念在格上的推广和应用.

分配格：格中的两个二元运算可以互相分配.

全下(上)界：格的偏序中存在最小(大)的元素，该元素就是全下(上)界，分别用 0 和 1 表示.

有界格：存在全下界和全上界的格.

补：在有界格中，两元素进行两个二元运算后分别等于全下界和全上界，该两元素是互补的.

有补格：有界格中，每个元素都至少有一个补元素.

有补分配格(布尔格)：既是有补格，又是分配格.

布尔代数：含有两个二元运算的代数系统，两个运算可交换、互相可分配、存在全下界和全上界、每个元素都有补元，这就是布尔代数.

开关代数：两个二元运算是合取和析取，补是求非，元素是$\{0,1\}$的布尔代数.

子布尔代数：子代数概念在布尔代数上的推广和应用.

布尔变元：取值于布尔代数载体中元素的变元.

布尔常元：布尔代数载体中的元素.

布尔表达式：用归纳定义的，单个布尔变元、常元，两个布尔表达式进行二元、一元运算后的、只有有限次利用前两条规则得到的，都是布尔表达式.

n 元布尔表达式：含有 n 个布尔变元的布尔表达式.

布尔函数：布尔代数载体上的 n 元函数，如果能用 n 元布尔表达式表示就是布尔函数.

二、知识结构网络图

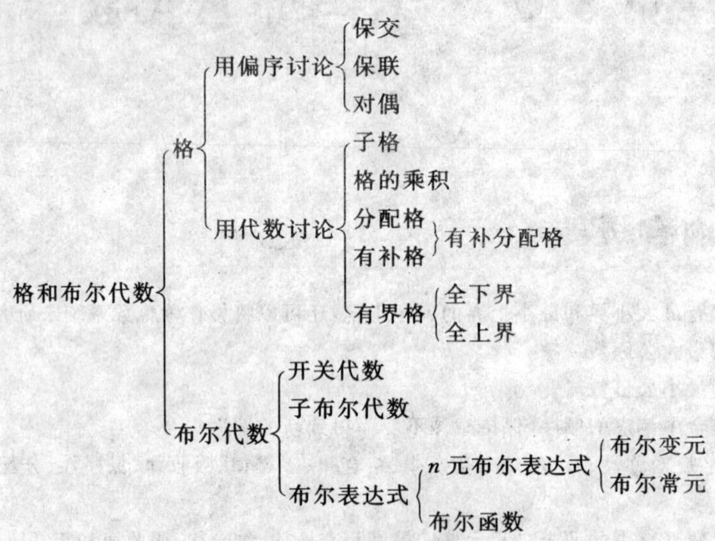

三、基本要求与考核点

1. 格的定义及成分

(1) 熟悉格的定义,能判断格是否成立.

(2) 熟悉格的基本表示形式,性质.

(3) 了解格的分类、运算和子格等.

2. 格的两种形式

(1) 能用偏序讨论格.

(2) 能用代数讨论格.

3. 布尔代数的定义及成分

(1) 熟悉子代数的定义.

(2) 了解布尔代数的子代数、开关代数.

(3) 能求出布尔代数的表达式.

(4) 了解布尔函数.

本章的重点:

(1) 格的分类.

(2) 布尔代数的判定.

本章的难点:

(1) 两种形式讨论格.

(2) 布尔代数及其运算.

四、习题详解

习题　8.1

1. 下列哪个偏序集构成有界格(　　).

(1) $(\mathbf{N}, \leqslant)$　　(2) $(\mathbf{Z}, \leqslant)$

(3) $\langle\{2,3,4,6,12\}, |$ (整除关系)$\rangle$　　(4) $\langle P(A), \subseteq\rangle$

答　(4).

2. 设 L 是有界格,且 $|L| > 1$. 证明:$0 \neq 1$.

证明　用反证法证明.

设 $0 = 1$. 则任取 $a \in L$,则由于 L 是有界格,故 $a \leqslant 1$ 且 $0 \leqslant a$,即 $0 \leqslant a \leqslant 1$. 因为 $0 = 1$ 且 $\leqslant$ 是 L 上的偏序关系,所以 $a = 0$. 这与已知 $|L| > 1$ 矛盾.

3. 设 $\langle L, \leqslant\rangle$ 是格,$a_1, a_2, \cdots, a_n \in L$. 试证:$a_1 * a_2 * \cdots * a_n = a_1 \oplus a_2 \oplus \cdots \oplus a_n$ 当且仅当 $a_1 = a_2 = \cdots = a_n$.

证明

$\Leftarrow$ 显然是成立的.

$\Rightarrow$ 对任意一个 $k = 1, 2, \cdots, n$, $a_1 * a_2 * \cdots * a_n \leqslant a_k$, $a_k \leqslant a_1 \oplus a_2 \oplus \cdots \oplus a_n$.

因为 $a_1 * a_2 * \cdots * a_n = a_1 \oplus a_2 \oplus \cdots \oplus a_n$,且 $\leqslant$ 是 L 上的偏序关系,故 $a_k = a_1 \oplus a_2 \oplus \cdots \oplus a_n$. 从而 $a_1 = a_2 = \cdots = a_n$.

4. 设 $\langle L, \leqslant\rangle$ 是格,$a, b, c, d \in L$. 试证:若 $a \leqslant b$ 且 $c \leqslant d$,则 $a * c \leqslant b * d$

证明　因为 $a \leqslant b, c \leqslant d$,所以 $a = a * b, c = c * d$. 从而

$$(a * c) * (b * d) = ((a * c) * b) * d = (b * (a * c)) * d = ((b * a) * c) * d = a * (c * d) = a * c$$

所以

$$a * c \leqslant b * d$$

5. 当 n 分别是 10,45 时,画出 $\langle S_n, \text{整除}\rangle$ 的哈斯图.

解　$\langle S_n, \text{整除}\rangle$ 的哈斯图如图 8-1 所示.

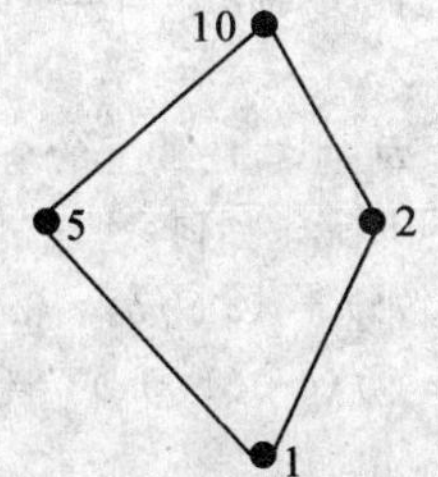

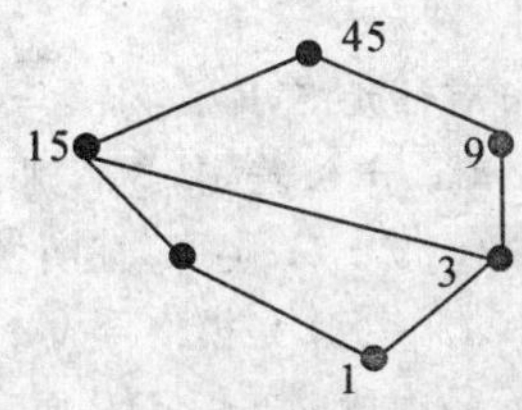

图　8-1

6. 设 L 是一个集合,其上定义二元运算 $*$, $\otimes$,如果这两个二元运算满足交换律、结合律和吸收律,则

(   )是格.

解 $(L,*,\otimes)$.

习题 8.2

1. 设 $\langle L,\leqslant\rangle$ 是格,若 $a,b,c\in L,a\leqslant b\leqslant c$,则 $a\oplus b=b\odot c$, $(a\odot b)\oplus(b\odot c)=(a\oplus b)\odot(a\oplus c)$.

证明 因为 $a\leqslant b\leqslant c$,所以 $a*b=a,a\oplus b=b=b$,且 $b=b*c$,以 $c=b\oplus c$.从而 $a\oplus b=b*c$.

$$(a*b)\oplus(b*c)=a\oplus(b*c)=a\oplus(a\oplus b)=(a\oplus a)\oplus b=a\oplus b=b,$$

$$(a\oplus b)*(a\oplus c)=(b*c)*(a\oplus c)=b*(c*(a\oplus c))=b*c=b.$$

2. 设 $\langle L,\leqslant\rangle$ 是格,$a,b\in L$,且 $a\leqslant b$,记 $\mathbf{Z}[a,b]=\{x\in L\mid a\leqslant x\leqslant b\}$,则 $\langle\mathbf{Z}[a,b],\leqslant\rangle$ 是 $\langle L,\leqslant\rangle$ 的子格.

证明 $\forall x,y\in\mathbf{Z}[a,b],a\leqslant x\leqslant b$ 且 $a\leqslant y\leqslant b$.所以 $a\leqslant x*y\leqslant b$ 且 $a\leqslant x\oplus y\leqslant b$,从而 $x*y\in\mathbf{Z}[a,b]$ 且 $x\oplus y\in\mathbf{Z}[a,b]$. $\mathbf{Z}[a,b]$ 关于 $*$ 和 $\oplus$ 是封闭的,从而 $\langle\mathbf{Z}[a,b],\leqslant\rangle$ 是 $\langle L,\leqslant\rangle$ 的子格.

3. 设 $A=\{a,b,c\}$,求 $\langle P(A),\subseteq\rangle$ 的子格($P(A)$ 表示 A 的幂集).

解

$$P(A)=\{\varnothing,\{a\},\{b\},\{c\},\{a,b\},\{a,c\},\{b,c\},A\}$$

在 $P(A)$ 的所有非空子集中,只要它关于 $\cap$ 和 $\cup$ 是封闭的,则它就是 $\langle P(A),\subseteq\rangle$ 的子格.显然 $\langle P(A),\subseteq\rangle$ 和 $\langle\{\varnothing\},\subseteq\rangle$ 是 $\langle P(A),\subseteq\rangle$ 的子格.

$$\langle\{\varnothing,\{a\}\},\subseteq\rangle,\quad\langle\{\varnothing,\{b\}\},\subseteq\rangle,\quad\langle\{\varnothing,\{c\}\},\subseteq\rangle,\quad\langle\{\varnothing,\{a,b\}\},\subseteq\rangle$$

$$\langle\{\varnothing,\{a,c\}\},\subseteq\rangle,\quad\langle\{\varnothing,\{b,c\}\},\subseteq\rangle,\quad\langle\{\varnothing,A\},\subseteq\rangle$$

$$\langle\{\varnothing,\{c\},\{a,c\},\{b,c\},A\},\subseteq\rangle$$

等都是 $\langle P(A),\subseteq\rangle$ 的子格.

4. 证明:在同构意义下,4 阶格只有 2 个.

证明 若 $\leqslant$ 是 L 上的全序关系,则它一定是良序关系(因为任意一个有限的全序集一定是良序集).若设 $L=\{a,b,c,d\}$,则 L 的四个元素满足 $a\leqslant b\leqslant c\leqslant d$.

若 $\leqslant$ 不是 L 上的全序关系,则 L 中一定存在两个元素(不妨设为 b,c),$b\leqslant c$ 和 $c\leqslant b$ 都不成立.因此 $b*c$ 和 $b\oplus c$ 既不可能相等,也不可能是 b 和 c.不妨记 $a=b*c,d=b\oplus c$,故 $\langle L,\leqslant\rangle$ 的四个元素 a,b,c,d 满足 $a\leqslant a,b\leqslant b,c\leqslant c,d\leqslant d,a\leqslant b,a\leqslant c,a\leqslant d,b\leqslant d,c\leqslant d$.

习题 8.3

1. 设 $\langle A,\leqslant\rangle$ 是有界格,$\leqslant$ 是 A 上的全序关系.若 $|A|>2$,证明:$\forall a\in A-\{0,1\}$,a 无补元.

证明 用反证法证明.

若 $\exists a\in A-\{0,1\}$,a 有补元 a',即 $a\otimes a'=1,a*a'=0$.因为 $\leqslant$ 是 A 上的全序关系,所以 $a\leqslant a'$ 或 $a'\leqslant a$.若 $a\leqslant a'$,则 $a=a*a'=0$.若 $a'\leqslant a$,则 $a=a\otimes a'=1$.无论如何,这与 $a\neq 0,a\neq 1$ 矛盾.

2. 格 $\langle L,*,\otimes\rangle$ 是模格 $\Leftrightarrow\forall a,b,c\in L$,证明:$a\otimes(b*(a\otimes c))=(a\otimes b)*(a\otimes c)$.

证明 首先证明:格 $\langle L,*,\otimes\rangle$ 是模格 $\Rightarrow\forall a,b,c\in L$,有 $a\otimes(b*(a\otimes c))=(a\otimes b)*(a\otimes c)$.
$\forall a,b,c\in L$,记 $d=a\otimes c$.所以 $a\leqslant d$,从而

$$a\otimes(b*(a\otimes c))=a\otimes(b*d)=(a\otimes b)*d=(a\otimes b)*(a\otimes c)$$

其次,证明:$\forall a,b,c\in L$,有 $a\otimes(b*(a\otimes c))=(a\otimes b)*(a\otimes c)\Rightarrow$ 格 $\langle L,*,\otimes\rangle$ 是模格. $\forall a,b,c\in L$,若 $a\leqslant c$,则 $c=a\otimes c$.所以

$$(a \otimes b) * c = (a \otimes b) * (a \otimes c) = a \otimes (b * (a \otimes c)) = a \otimes (b * c)$$

3. 设$\langle L, *, \otimes \rangle$是分配格，$a,b,c \in L$. 若$(a * b) = (a * c)$且$(a \otimes b) = (a \otimes c)$，证明$b = c$.

证明　由吸收律、分配律和交换律有

$$b = b \otimes (a * b) = b \otimes (a * c) = (b \otimes a) * (b \otimes c) = (a \otimes c) * (b \otimes c) =$$
$$c \otimes (a * b) = c \otimes (a * c) = c$$

4. 证明：在有补分配格中，每个元素的补元一定唯一.

证明　设$\langle L, \leqslant \rangle$是一个有补分配格. $\forall a \in L$，设b和c都是a的补元，即

$$a \otimes b = 1,\quad a \otimes c = 1,\quad a * b = 0,\quad a * c = 0$$

由吸收律、分配律和交换律有

$$b = b \otimes 0 = b \otimes (a * c) = (b \otimes a) * (b \otimes c) = 1 * (b \otimes c) = b \otimes c$$
$$c = c \otimes 0 = c \otimes (a * b) = (c \otimes a) * (c \otimes b) = 1 * (c \otimes b) = c \otimes b$$

故$b = c$，从而每个元素的补元是唯一的.

5. 设$\langle L, *, \otimes \rangle$是格，$L$是分配格当且仅当$\forall a,b,c \in L$，证明：$(a \otimes b) * c \leqslant a\ (b * c)$.

证明　证明充分性，设L是分配格. 对$\forall a,b,c \in L$，有

$$(a \otimes b) * c = (a * c) \otimes (b * c)$$

因为$a * c \leqslant a$，故$(a * c) \otimes (b * c) \leqslant a \otimes (b * c)$. 从而

$$(a \otimes b) * c \leqslant a \otimes (b * c)$$

证明必要性. 对$\forall a,b,c \in L$，因为$a * c \leqslant a, a * c \leqslant c, a \leqslant a \otimes b, b * c \leqslant c, b * c \leqslant b, b \leqslant a \otimes b$，所以

$$a * c \leqslant a \otimes b, a * c \leqslant c, b * c \leqslant c, b * c \leqslant a \otimes b$$

从而

$$(a * c) \otimes (b * c) \leqslant (a \otimes b) * c$$

又由已知有

$$(a \otimes b) * c = ((b \otimes a) * c) * c \leqslant (b \otimes (a * c)) * c = ((a * c) \otimes b) * c \leqslant (a * c) \otimes (b * c)$$

故

$$(a \otimes b) * c = ((a * c) \otimes b) * c \leqslant (a * c) \otimes (b * c)$$

从而L是分配格.

习题　8.4

1. 有限布尔代数的元素的个数一定等于(　　).

(1) 偶数　　(2) 奇数　　(3) 4 的倍数　　(4) 2 的正整数次幂

答　(4).

2. 当n分别是 24,36,110 时，$\langle S_n, \text{整除} \rangle$是布尔代数吗？若是，则求出其原子集.

解　因为$|S_{24}| = 8$，$|S_{36}| = 9$，$|S_{110}| = 8$，故$\langle S_{36}, \text{整除} \rangle$不是布尔代数. 在$\langle S_{24}, \text{整除} \rangle$中 12 没有补元，故它也不是布尔代数. $\langle S_{110}, \text{整除} \rangle$是布尔代数，其原子集为$\{2,5,11\}$.

3. 在布尔代数中，证明：恒等式$a \otimes (a' * b) = a \otimes b$.

证明

$$a \otimes (a' * b) = (a \otimes a') * (a \otimes b) = 1 * (a \otimes b) = a \otimes b$$

4. 在布尔代数中，证明：恒等式$(a * c) \otimes (a' * b) \otimes (b * c) = (a * c) \otimes (a' * b)$.

证明

$$((a * c) \otimes (a' * b)) * (b * c) = ((a * c) * (b * c)) \otimes ((a' * b) * (b * c)) =$$

$$(a*b*c)\otimes(a'*b*c)=(a\otimes b')*b*c=1*b*c=b*c$$

故 $b*c\leqslant(a*c)\otimes(a'\otimes b)$

从而

$$(a*c)\otimes(a'*b)\otimes(b*c)=(a*c)\otimes(a'*b)$$

5. 在布尔代数中，证明：恒等式 $(a*b)\otimes(a'*c)\otimes(b'*c)=(a*b)\otimes c$.

证明

$$(a*b)\otimes(a'*c)\otimes(b'*c)=(a*b)\otimes((a'\otimes b')c)=(a*b)\otimes((a*b)'*c)=(a*b)\otimes c$$

6. 在布尔代数中，证明：恒等式 $(a\otimes b')*(b\otimes c')*(c\otimes a')=(a'\otimes b)*(b'\otimes c)*(c'\otimes a)$.

证明

$$(a\otimes b')*(b\otimes c')*(c\otimes a')=(a*b*c)\otimes(a*b*a')\otimes(a*c'*a')\otimes(a*c'*c)\otimes(b'*b*c)\otimes(b'*c'*c)\otimes(b'*c'*a')\otimes(b'*b*a')=(a*b*c)\otimes(b'*c'*a')(a'\otimes b)*(b'\otimes c)*(c'\otimes a)=(a'*b'*c')\otimes(a'*b'*a)\otimes(a'*c*c')\otimes(a'*c*a)\otimes(b*b'*c')(b*b'*a)\otimes(b*c*c')\otimes(b*c*a)=(a*b*c)\otimes(a'*b'*c')$$

故

$$(a\otimes b')*(b\otimes c')*(c\otimes a')=(a'\otimes b)*(b'\otimes c)*(c'\otimes a)$$

7. 设 $\langle S,\otimes,\odot,',0,1\rangle$ 是一个布尔代数，证明：$\langle S,+\rangle$ 是一个交换群，其中 $+$ 定义为

$$a+b=(a\odot b')(a'\odot b).$$

证明 $\forall a,b\in S$，因为 $\langle S,\otimes,\odot,',0,1\rangle$ 是一个布尔代数.

$$a+b=(a\odot b')\otimes(a'\odot b)=(b\odot a')\otimes(b'\odot a)=b+a$$

所以，运算 $+$ 满足交换律.

$$\forall a,b,c\in S$$

$$(a+b)+c=((a\odot b')\otimes(a'\odot b))+c=(((a\odot b')\otimes(a'\odot b))\odot c')\otimes(((a\odot b')\otimes(a'\odot b))'\odot c)=(a\odot b'\odot c')\otimes(a'\odot b\odot c')\otimes((a'\otimes b)\odot(a\otimes b')\odot c)=(a\odot b'\odot c')\otimes(a'\odot b\odot c')\otimes(((a'\odot b')\otimes(b\odot a)))\odot c)=(a\odot b'\odot c')\otimes(a'\odot b\odot c')\otimes(a'\odot b'\odot c)\otimes(a\odot b\odot c)$$

$$a+(b+c)=(c+b)+a=(c\odot b'\odot a')\otimes(c'\odot b\odot a')\otimes(c'\odot b'\odot a)\otimes(c\odot b\odot a)=(a\odot b'\odot c')\otimes(a'\odot b\odot c')\otimes(a'\odot b'\odot c)\otimes(a\odot b\odot c)=(a+b)+c$$

所以，运算 $+$ 满足结合律.

$\forall a\in S$，因为 $<S,\otimes,\odot,',0,1\rangle$ 是一个布尔代数.

$$a+0=(a\odot 0')\otimes(a'\odot 0)=(a\odot 1)\otimes 0=a$$

所以，0 关于运算 $+$ 的幺元.

$\forall a\in S$，因为 $<S,\otimes,\odot,',0,1\rangle$ 是一个布尔代数.

$$a+a=(a\odot a')\otimes(a'\odot a)=0\otimes 0=0$$

所以，a 是 a 关于运算 $+$ 的逆元.

综上所述，$\langle S,+\rangle$ 是一个交换群.

8. 设 $\langle S,\otimes,\odot,',0,1\rangle$ 是一布尔代数，证明：$R=\{\langle a,b\rangle\mid a\otimes b=b\}$ 是 S 上的偏序关系.

证明

$\forall a \in S$,因为 $\otimes$ 满足等幂律,所以 $a \otimes a = a$,故 aRa,即 R 是自反的.

$\forall a,b \in S$,若 aRb 且 bRa,因为 $\otimes$ 满足交换律,所以 $b = a \otimes b = b \otimes a = a$,即 R 是反对称的.

$\forall a,b,c \in S$,若 aRb 且 bRc,因为满足结合律,所以 $c = c \otimes b = c \otimes (b \otimes a) = (c \otimes b) \otimes a = c \otimes a$,故 aRc,即 R 是反对称的.

综上所述,$R = \{\langle a,b \rangle \mid a \otimes b = b\}$ 是 S 上的偏序关系.

9. 设 $\langle S, \otimes, \odot, ', 0, 1 \rangle$ 是一个布尔代数,证明:关系 $\leqslant = \{\langle a,b \rangle \mid a \odot b = a\}$ 是 S 上的偏序关系.

证明　$\forall a \in S$,因为 $\odot$ 满足等幂律,所以 $a \odot a = a$,故 $a \leqslant a$,即 $\leqslant$ 是自反的.

$\forall a,b \in S$,若 $a \leqslant b$ 且 $b \leqslant a$,因为 $\odot$ 满足交换律,所以 $a = a \odot b = b \odot a = b$,即 $\leqslant$ 是反对称的.

$\forall a,b,c \in S$,若 $a \leqslant b$ 且 $b \leqslant c$,因为 $\odot$ 满足结合律,因为 $a = a \odot b = a \odot (b \odot c) = (a \odot b) \odot c = a \odot c$,故 $a \leqslant c$,即 $\leqslant$ 是反对称的.

综上所述,$\leqslant = \{\langle a,b \rangle \mid a \odot b = a\}$ 是 S 上的偏序关系.

10. 在布尔代数中,有 $a \vee (\bar{a} \wedge b) = a \vee b$ 成立,根据对偶原理,一定有(　　)成立.

答　$a \wedge (\bar{a} \vee b) = a \vee b$.

11. 设 $(B, \cdot, +, ^{-}, 0, 1)$ 是布尔代数,$\forall a,b,c \in B$,化简 $abc + ab\bar{c} + bc + \bar{a}bc + \bar{a}b\bar{c}$.

解　$abc + ab\bar{c} + bc + \bar{a}bc + \bar{a}b\bar{c} = ab(c + \bar{c}) + bc + \bar{a}b(c + \bar{c}) = ab + bc + \bar{a}b = b + bc = b$

第9章　图　论

一、重点内容提要

图:由点集和边集构成的有序二元组.

有向边(弧):有始点和终点区分的边.

无向边(棱):无始点和终点区分的边.

端点:连接边的端点.

关联:边与端点的关系.

邻接:端点与边的关系.

有向图:每一条边都是有向边的图.

无向图:每一条边都是无向边的图.

混合图:既有有向边又有无向边的图.

底图:忽略有向图中每条有向边的方向后得到的图就是原有向图的底图.

孤立节点:不与任何节点邻接的点.

零图:所有点都是孤立节点的图.

自回路:关联于同一节点的一条边.

平行边:两节点间邻接的多条同始点、终点的边.

重数:平行边的条数.

多重图:含有平行边的图.

线图:非多重图.

简单图:无自回路的线图.

引出次数(出度):有向图中以一节点为始点引出的边的条数.

引入次数(入度):有向图中以一节点为终点引入的边的条数.

次数(度数):一点的入度和出度的总合.

正则图:各节点的度均相同的图.

k-正则图:各节点的度均为 k 时的正则图.

图的同构:如果两图之间存在一一对应关系,该对应关系保持了节点间的邻接关系(在有向图时,还保持边的方向)和边的重数,则这两个图是同构的.

图的运算:图作为点集和边集的序偶,可以进行点集或者边集之间的集合运算.

子图:保留原图的部分点和部分边,类似于集合的子集.

真子图:子图并且不同于原图,类似于集合的真子集.

生成子图:保持点集不变化,仅仅边数改变得到的子图.

导出的子图:子图中没有孤立节点,所有节点都是由边集确定.

有向完全图:任意两点之间都有双向边邻接有向图.

无向完全图:任何两个不同节点间都恰有一条边的无向图.

补图:由 n 个顶点的完全图中删去原图中所有边得到的图,类似于集合的补集.

路径:图的一个点边交替序列就是路.

简单路径:同一条边没有出现两次的路径.

基本路径(链):同一个点没有出现两次的路径.

回路:始点与终点重叠的路径.

简单回路:没有相同边的回路.

基本回路:通过各顶点不超过一次的回路.

长度:路径中所含边的条数.

距离:两点间最小的长度.

可达:两点之间至少有一条路径.

连通的:图中任意两点可达.

连通分图:最大的连通子图.

单向连通:任两节点偶对中,至少从一个节点到另一个节点是可达的.

强连通的:任两节点偶对中,两节点都互相可达.

弱连通的:底图是连通的.

赋权图的路径长度:路径上各个有权边权值之和.

欧拉路径:将穿程于图中每条边一次且仅一次的路径.

欧拉回路:穿程于图中的每条边一次且仅一次的回路.

欧拉图:具有欧拉回路的图.

哈密尔顿路径:无向图中穿程于图的每个节点一次且仅一次的路径.

哈密尔顿回路:无向图中穿程于图的每个节点一次且仅一次的回路.

哈密尔顿图:具有哈密尔顿回路的图.

图的邻接矩阵:行、列对应图的节点,交叉位置用 1,0 表示相对应节点有、无关联的矩阵.

可达性矩阵:交叉位置用 1,0 表示相对应节点是否可达的矩阵.

二、知识结构网络图

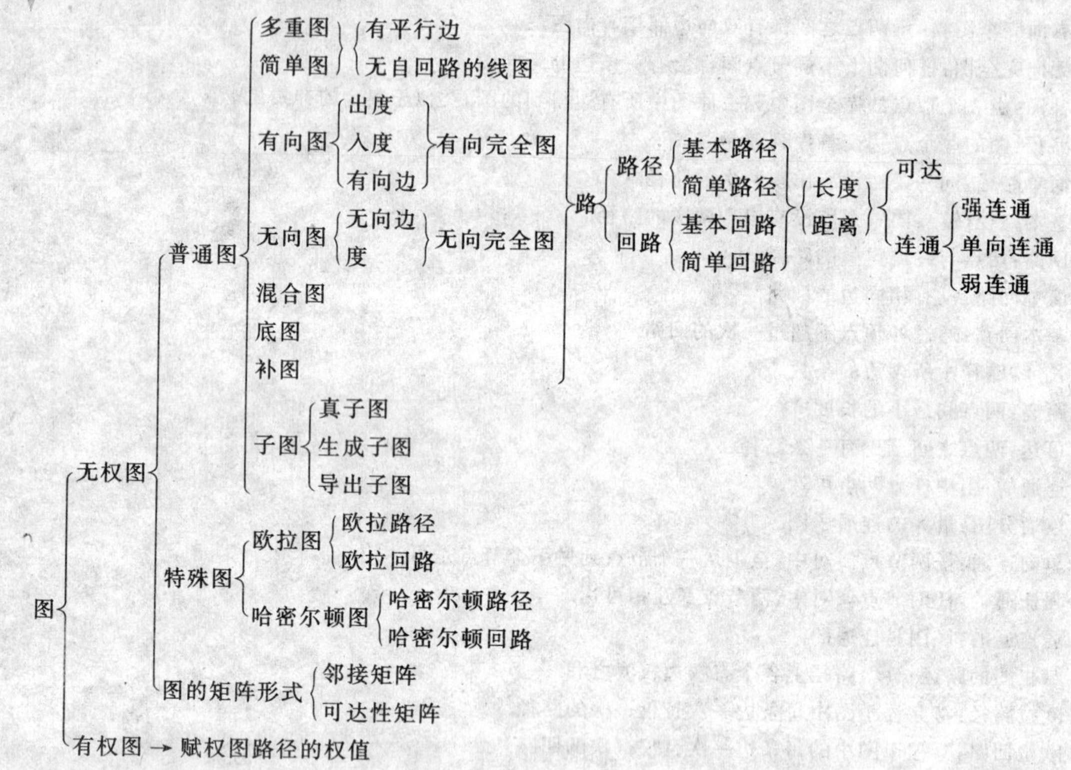

三、基本要求与考核点

1.图的概念

(1) 图的构成成分.

(2) 熟悉图中点与连线的关系.

(3) 图的矩阵表示.

2.图的分类

(1) 按照边的有向性分类.

(2) 按照平行边分类.

(3) 按照边,点的权值分类.

(4) 按照点的次数分类.

3. 图的关系

(1) 熟悉正则图、子图、分图、生成子图、导出子图的定义.

(2) 熟悉完全图和补图的定义.

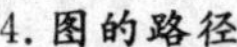

4.图的路径

(1) 熟悉简单路(回路)、基本路(回路)的概念.

(2) 熟悉路的长度、距离、可达和连通的概念.

(3) 能求各种连通分图.

5.特殊图

(1) 熟悉欧拉路径与欧拉回路的概念.

(2) 能判定欧拉路径与欧拉回路.

(3) 了解哈密尔顿路径和哈密尔顿回路.

6.有权图的最短路径

(1) 熟悉迪克斯大特拉算法.

(2) 能求出单源问题的最短路径值.

7. 有向图中节点的可达

(1) 能用图的矩阵求节点之间可达.

(2) 能用图的矩阵求出补同长度路径的条数.

本章的重点:

(1) 图的各种分类.

(2) 分图、补图的求法.

(3) 连通分图的求法.

本章的难点:

(1) 能用图的矩阵求出不同长度路径的条数.

(2) 最短路径的求法.

四、习题详解

习题　9.1

1. 在图 $G=\langle V,E\rangle$ 中,节点总度数与边数的关系是(　　).

(A) $\deg(v_i)=2\mid E\mid$　　(B) $\deg(v_i)=\mid E\mid$

(C) $\sum_{v\in V}\deg(v_i)=2\mid E\mid$　　(D) $\sum_{v\in V}\deg(v_i)=\mid E\mid$

解　(C).

2. 设 G 是有 n 个节点的无向完全图,则图 G 的边数为(　　).

(A) $n(n-1)$　　(B) $n(n+1)$　　(C) $n(n+1)/2$　　(D) $n(n-1)/2$

解　(D).

3. 设 D 是有 n 个节点的有向完全图,则图 D 的边数为(　　).

(A) $n(n-1)$　　(B) $n(n+1)$　　(C) $n(n+1)/2$　　(D) $n(n-1)/2$

解　(A).

4. 仅有一个孤立节点组成的图称为(　　).

(A) 零图　　(B) 平凡图　　(C) 补图　　(D) 子图

解　(B).

5. 设 $G=\langle V,E\rangle$ 为无向简单图，$|V|=n$,$\Delta(G)$ 为 G 的最大度，则有(　　).

(A)$\Delta(G)<n$　　(B)$\Delta(G)=n$　　(C)$\Delta(G)\rangle n$　　(D)$(G)\geqslant n$

解　(A).

6. 图 G 与的节点和边分别存在一一对应关系，是 $G\cong G$(同构)的(　　).

(A) 充分必要条件　　(B) 充分条件

(C) 必要条件　　(D) 既非充分条件也非必要条件

解　(C).

7. 已知无向图

$$G=\langle V,E\rangle,\quad V=\{v_1,v_2,v_3,v_4,v_5,v_6\}$$

$$E=\{(v_1,v_2),(v_1,v_3),(v_3,v_3),(v_4,v_5),(v_1,v_5),(v_1,v_4),(v_4,v_1),(v_3,v_4)\}$$

求出 G 中各节点的度数.

解
$$\deg(v_1=5,\quad \deg(v_2)=1,\quad \deg(v_3)=4=\deg(v_4)$$
$$\deg(v_5)=2,\quad \deg(v_6)=0$$

8. 无向图 G 有 12 条边，G 中有 6 个 3 度节点，其余节点的度数均小于 3，问 G 中至少有多少个节点?为什么?

解　设图 G 至少有 x 个节点，则

$$6\times 3+2(x-6)\geqslant 2\times 12\Rightarrow x\geqslant 9$$

所以 G 至少有 9 个节点.

9. 无向图 G 有 9 个节点，每个节点的度数不是 5 就是 6，求证：G 中至少有 5 个 6 度节点或 6 个 5 度节点.

证明　由题可知，5 度节点的个数只能是 0,2,4,6,8 五种情况之一，相应的 6 度节点为 9,7,5,3,1. 无论哪种情况，图 G 中都至少有 5 个 6 度节点或 6 个 5 度节点.

10. 17 位科学家相互通信总共讨论三个问题，每两个科学家通信时讨论的是同一个问题. 证明：至少有三个科学家相互通信时讨论的是同一个问题.

证明　设 17 位科学家对应 17 个点，两个科学家相互通信就是对应的两点之间连线，讨论三个问题就相当于对边作 3 染色. 问题变成用 3 种颜色染 17 阶完全图 G 的边，每边一种颜色，证明存在三边同色的三角形. 在其中任选一点 A，它与其它 16 点都连线，共有 16 条线，用三种颜色染边，于是至少有 6 条边染同一颜色 c_1. 如果这 6 条边的另外 6 个点中的连线中有一边的颜色是 c_1，问题已得到解决. 否则，这 6 点之间的两两连线只能用 c_2,c_3 两种颜色来染，从中任取一点 B，由于 B 与其它 5 个点都可连线，用 c_2,c_3 色染其边，至少有 3 条边染同一颜色 c_2，考虑这 3 条边的另外的顶点所连线段，若有一边染 c_2 色，问题已获得解决，否则这 3 点之间的 3 条线段都染 c_3 色.

习题　9.2

1. 在无向连通图中，节点间的连通关系具有________性，________性和________性，是________关系.

解　自反，对称，传递，等价

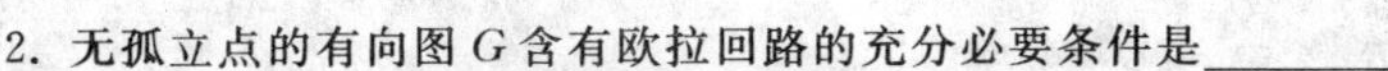

2. 无孤立点的有向图 G 含有欧拉回路的充分必要条件是________.

解　图中每个节点的入度等于出度

3. 设 G 是有 n 个节点的简单图,若 G 中每对节点的度数之和________,则 G 一定是哈密顿图.

解　大于等于 n.

4. 设 $V=\{a,b,c,d\}$,则与 V 能构成强连同图的边集合是(　　).

(A) $E=\{\langle a,b\rangle,\langle a,c\rangle,\langle a,d\rangle,\langle b,d\rangle,\langle c,d\rangle\}$

(B) $E=\{\langle a,d\rangle,\langle b,a\rangle,\langle b,c\rangle,\langle b,d\rangle,\langle d,c\rangle\}$

(C) $E=\{\langle a,c\rangle,\langle b,a\rangle,\langle b,c\rangle,\langle b,a\rangle,\langle b,c\rangle\}$

(D) $E=\{\langle a,d\rangle,\langle b,a\rangle,\langle b,d\rangle,\langle c,d\rangle,\langle d,c\rangle\}$

解　(D).

5. 无向图 G 有欧拉回路,当且仅当(　　).

(A) G 的所有节点的度数都是偶数

(B) G 的所有节点的度数都是奇数

(C) G 连通且所有节点的度数都是偶数

(D) G 连通且 G 的所有节点度数都是奇数

解　(C).

6. 图 9.32(见教材) 所示是(　　).

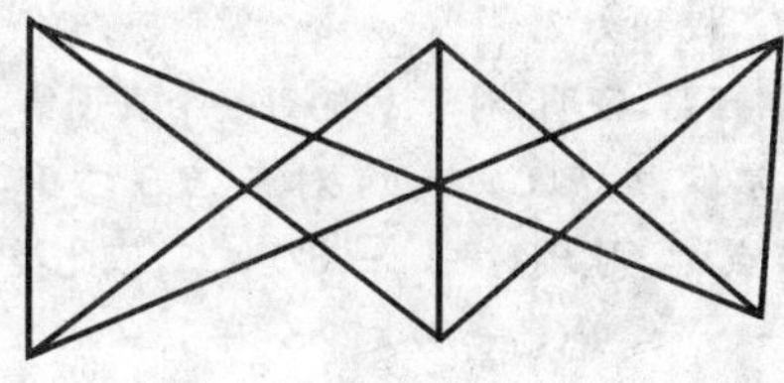

图　9.32

(A) 完全图　　(B) 哈密顿图　　(C) 欧拉图　　(D) 平面图

解　(B).

7. 设 G 为具有 k 个奇数度节点的无向连通图,在 G 中至少要添加多少条边才能使 G 具有欧拉回路?

解　由于 G 中奇数度节点的个数是偶数,所以 k 为偶数.设 $k=2m$,不妨设 $v_1,v_2,\cdots,v_{2m}$ 为奇数度节点,要使其成为具有欧拉回路,至少要添加 m 条边才能使 G 有欧拉回路.

8. 当一个图的节点数 n 为何值时,完全图 K_n 为欧拉图?

解　K_n 有 n 个节点,每个节点度数为 $n-1$,K_n 是完全图,因而 $n-1$ 是偶数,因此 n 为奇数时,K_n 是完全图.

9. 在有 6 个节点,12 条边的简单平面连通图中,每个面有几条边围成?为什么?

解　设每个面少有 l 条边,则 $l\geqslant 3$.

$$v-e+r=2,\quad 2e=\sum_{i=1}^{r}\deg(r_i)\geqslant lr\Rightarrow e\leqslant\frac{l}{l-2}(v-2)\Rightarrow l\leqslant 3$$

所以 $l=3$,即每个面至少由 3 条边围成.

10. 在图 9.33(见教材) 中,求从 A 到 F 的最短路径.

解　最短路径为 $ABCEDF$,其权和为 9.

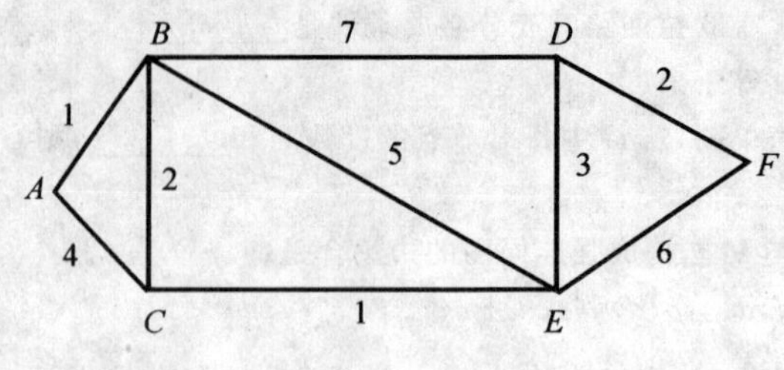

图 9.33

11. 在图 9.34(见教材) 中,求 A 到 G 的最短路径.

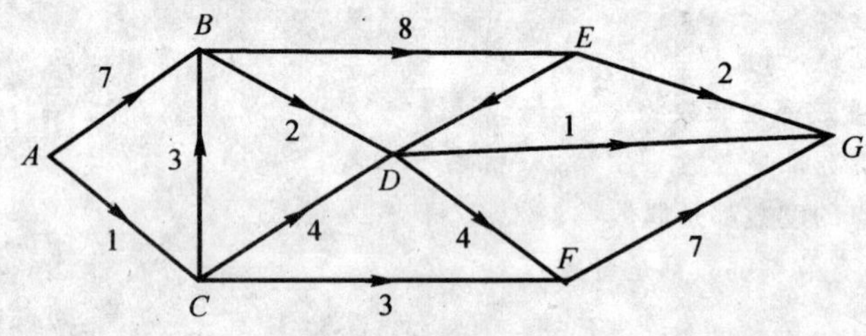

图 9.34

解 A 到 G 的最短路径为 $ACDG$,权和为 7.

12. 如果 $G=\langle V,E\rangle$ 具有哈密尔顿路,证明:对于 V 的每一个真子集 S,有:$P(G-S)\leqslant|S|+1$.

证明 设 C 是 G 的一条哈密尔顿路,$P(C)=1$,对于 $\forall S\subset V$,删去 S 中任意一个节点 v_1,则 $P(C-v_1)\leqslant 2$,如果再删去 S 中的节点 v_2,则 $P(C-v_1-v_2)\leqslant 3$,依此类推,可得 $P(C-S)\leqslant|S|+1$,而 $C-S$ 是 $G-S$ 的生成子图,所以 $P(G-S)\leqslant P(C-S)\leqslant|S|+1$.

13. 设 G 为有 v 个节点 e 条边的简单连通平面图,若 $v\geqslant 3$,求证:$e\leqslant 3v-6$.

证明 设 G 有 r 个面,由于每个面至少由 3 条边围成,所以

$$2e=\sum_{i=1}^{r}\deg(r_i)\geqslant 3r\Rightarrow r\leqslant\frac{2}{3}e\Rightarrow 2=v-e+r\leqslant v-e+\frac{2}{3}e\Rightarrow e\leqslant 3v-6$$

习题 9.3

1. 相邻矩阵具有对称性的图一定是( )

(A) 有向图 (B) 无向图 (C) 混合图 (D) 简单图

解 (B).

2. 如图 9.37(见教材) 所示,$D=\langle V,E\rangle$,求 D 的邻接矩阵.

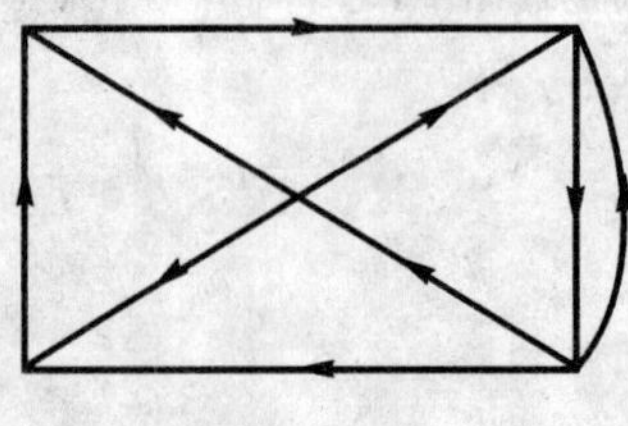

图 9.37

解

$$\boldsymbol{A}=\begin{pmatrix}0&0&0&1&0\\1&0&0&0&0\\0&1&0&1&1\\0&0&1&0&0\\1&1&0&1&0\end{pmatrix}$$

3. 求图 9.38(见教材) 所示 D 的邻接矩阵 $\boldsymbol{A}(D)$,计算 $\boldsymbol{A}^2$,$\boldsymbol{A}^3$,$\boldsymbol{A}^4$ 并找出从 E 到 D 的长度为 2,3,4 的所有通路.

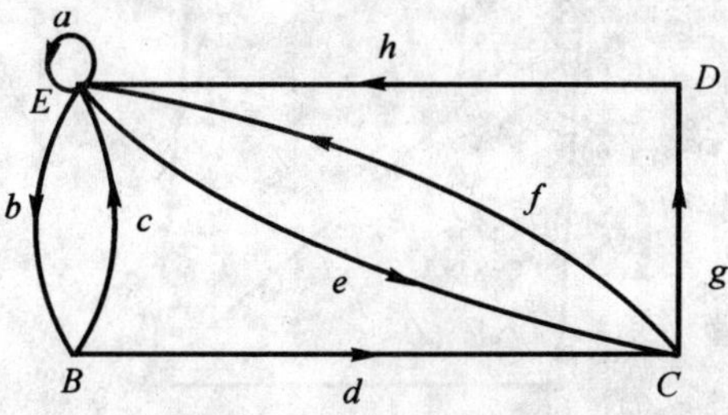

图　9.38

解

$$\boldsymbol{A}=\begin{pmatrix}1&1&1&0\\1&0&1&0\\1&0&0&1\\1&0&0&0\end{pmatrix},\quad \boldsymbol{A}^2=\begin{pmatrix}3&1&2&1\\2&1&1&1\\2&1&1&0\\1&1&1&0\end{pmatrix}$$

$$\boldsymbol{A}^3=\begin{pmatrix}7&3&4&2\\5&2&4&1\\4&2&3&1\\3&1&2&1\end{pmatrix},\quad \boldsymbol{A}^4=\begin{pmatrix}16&7&10&4\\11&5&7&3\\10&4&6&3\\7&3&4&2\end{pmatrix}$$

A 到 D 的长度为 2 的通路有$\{ACD\}$.

A 到 D 的长度为 3 的通路有$\{ABCD\}$，$\{AACD\}$.

A 到 D 的长度为 4 的通路有$\{AABCD\}$，$\{ABACD\}$，$\{ACACD\}$，$\{AAACD\}$.

4. 设图 9.39(见教材) 是有向图 $G=\langle V,E\rangle$,

(1) 求 G 的邻接矩阵.

(2)G 中 v_1 到 v_4 的长度为 4 的通路有多少条?

(3)G 中经过 v_1 的长度为 3 的回路有多少条?

(4)G 中长度不超过 4 的通路有多少条?其中有多少条通路?

解

(1)

$$\boldsymbol{A}=\begin{bmatrix}1&1&1&0\\1&0&1&0\\0&0&0&1\\0&0&1&0\end{bmatrix},\quad \boldsymbol{A}^2=\begin{bmatrix}2&1&2&1\\1&1&1&1\\0&0&1&0\\0&0&0&1\end{bmatrix}$$

$$A^3=\begin{bmatrix}3&2&4&2\\2&1&3&1\\0&0&0&1\\0&0&1&0\end{bmatrix},\quad A^4=\begin{bmatrix}5&3&7&4\\3&2&4&3\\0&0&1&0\\0&0&0&1\end{bmatrix}$$

(2)G 中 v_1 到 v_4 的长度为 4 的通路有 4 条.

(3)G 中经过 v_1 的长度为 3 的回路有 3 条.

(4)G 中长度不超过 4 的通路有 72 条,其中有 19 条回路.

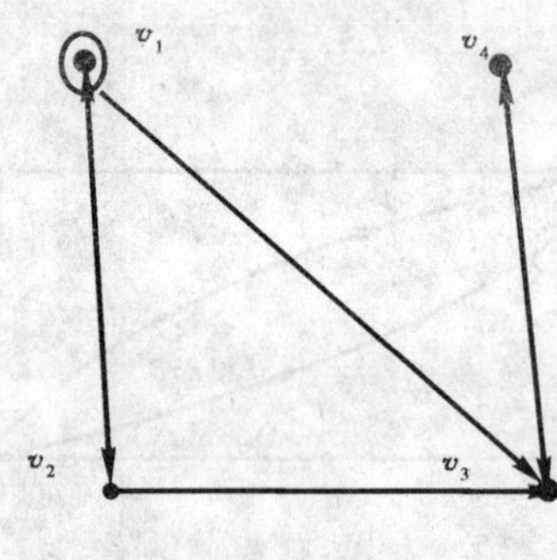

图　9.39

5.求图 9.40(见教材)所示的可达矩阵.

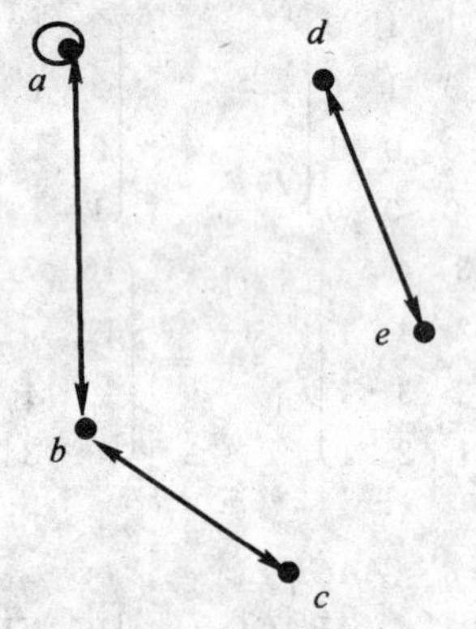

图　9.40

解　该图的邻接矩阵为

$$A=\begin{bmatrix}1&1&0&0&0\\1&0&1&0&0\\0&1&0&0&0\\0&0&0&0&1\\0&0&0&1&0\end{bmatrix},\quad A^2=\begin{bmatrix}1&1&0&0&0\\1&0&1&0&0\\0&1&0&0&0\\0&0&0&0&1\\0&0&0&1&0\end{bmatrix}^2=\begin{bmatrix}2&1&1&0&0\\1&2&0&0&0\\1&0&1&0&0\\0&0&0&1&0\\0&0&0&0&1\end{bmatrix}$$

$$A^3 = \begin{bmatrix} 3 & 3 & 1 & 0 & 0 \\ 3 & 1 & 2 & 0 & 0 \\ 1 & 2 & 0 & 0 & 0 \\ 0 & 0 & 0 & 0 & 1 \\ 0 & 0 & 0 & 1 & 0 \end{bmatrix}, \quad A^4 = \begin{bmatrix} 6 & 4 & 3 & 0 & 0 \\ 4 & 5 & 1 & 0 & 0 \\ 3 & 1 & 2 & 0 & 0 \\ 0 & 0 & 0 & 1 & 0 \\ 0 & 0 & 0 & 0 & 1 \end{bmatrix}$$

图的可达矩阵为

$$P = \begin{bmatrix} 1 & 1 & 1 & 0 & 0 \\ 1 & 1 & 1 & 0 & 0 \\ 1 & 1 & 1 & 0 & 0 \\ 0 & 0 & 0 & 1 & 1 \\ 0 & 0 & 0 & 1 & 1 \end{bmatrix}$$

第 10 章　特殊图

一、重点内容提要

二部图(偶图):图的点集分成两个子集合,每一条边的两端点分别在两个子集图.

匹配:二部图中边集的一个子集,要求边没有公共点.

最大匹配:含有最多边数的匹配.

X-完全匹配;X 点集中的点全部是匹配的端点.

完全匹配:两个子集的点都是匹配的端点.

交替链:由属于匹配的边和不属于匹配的边交替连接成的链.

平面图:能图示在一平面上并且边与边只在端点处相交的图.

图的面:平面图将平面分割成的各个块.

有(无)限面:面积有(无)限的块.

对偶图:在平面图的每个面内部作一顶点,经过每两个面的每一条共同边界作一条边,当且仅当某个边只是面的边界时,作一个自回路与该边界相交而得到的图,是互相的关系.

割集:边的集合,把这集合中的所有边删去将增加连通分图的个数,而把这集合中的任何真子集删去,则无此效果.

无向树(树):连通而无简单回路的无向图.

树叶:树中次数为 1 的顶点.

分枝点(内部节点):次数大于 1 的顶点.

森林:诸连通分图均是树时的无向图.

生成树(支撑树):一个无向图的一个生成子图.

树枝:生成树中的边.

弦:不在生成树中,但属于图中的边.

树的补:树的弦的集合.

基本回路:对树补充一条弦后得到的回路.

基本回路系统:对树补充所有弦后得到的一系列回路.

基本割集:除去树的一条树枝,树分成两部分,原图中连接这两部分点的所有边(包括该树枝)就是相对于该树枝的基本割集,包含该树枝和一些弦.

基本割集系统:相对于所有树枝得到的基本割集系统.

最小生成树:有权图中权值之和最小的生成树.

树根：仅有的一个入度为 0 的节点.

有向树(根树)：仅有一个树根，其他节点的入度为 1，并且每个节点都有一条从树根来的路径，这样的树，一般将树根放在最高处.

父亲：相对高一级的节点.

儿子：相对低一级的节点.

祖先：相对高多级的节点，有一条路径可达.

后裔：相对低多级的节点，有一条路径可达.

子树：由节点和它的所有后裔导出的子有向图.

根：子树的树根.

真子树：子树的根不同于原树的根时.

叶：出度是 0 的节点.

内部节点(分枝点)：树中不是根也不是树叶的节点.

路径长度(层次或辈分)：从树根到一个节点的路径长度.

高度：树中层次的最大值.

二元树：分枝点出度都为 2 的树.

二元树的遍历：先根序、中根序、后根序.

二、知识结构网络图

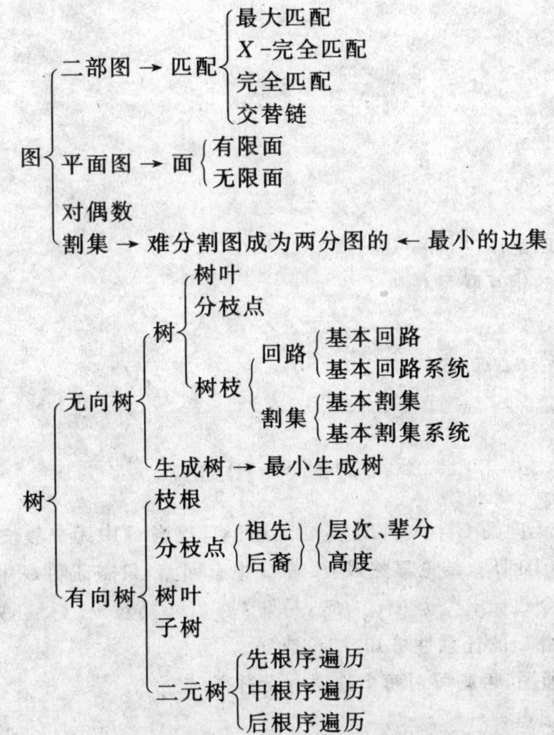

三、基本要求与考核点

1. 二部图部分

(1) 熟悉二部图的定义,能判断二部图、完全二部图.

(2) 了解匹配的定义,能构造交替链求最大匹配.

2. 平面图部分

(1) 了解平面图、对偶图的定义..

(2) 熟悉平面图中点、面、边的数量关系.

3. 无向树部分

(1) 熟悉树的定义.

(2) 了解特征:连通且无回路.

(3) 理解基本回路、基本割集.

(4) 能求出最小生成树及权值.

4. 有向树部分

(1) 熟悉有向树的概念.

(2) 了解有向树根、分枝点、叶的关系.

(3) 能区分不同辈分的点.

(4) 能用三种遍历法遍历二元树.

本章的重点:

(1) 最大匹配的求法.

(2) 最小生成树的求法.

(2) 二元树的三种遍历法.

本章的难点:

(1) 构造交替链求最大匹配.

(2) 无向树中树枝与弦的相互联系.

四、习题详解

习题 10.1

1. 证明定理 10.1. 一个无向图 $G=\langle V,E\rangle$ 是二部图当且仅当 G 中无奇数长度的回路.

证明　必要性. 若 G 中无回路,结论显然成立. 若 G 中有回路,只需证明 G 中无奇圈.

设 C 为 G 中任意一圈,令 $C=v_{i_1},v_{i_2}\cdots v_{i_3},v_{i_4}$,易知 $l\geqslant 2$. 不妨设 $v_{i_1}\in v_1$,则必有 $v_{i_2}\in v-v_1=v_2$,而 l 必为偶数,于是 C 为偶圈,由 C 的任意性可知,结论成立.

充分性. 不妨设 G 为连通图,否则可对每个连通分支进行讨论.

设 V_0 为 G 中任意一个顶点,令

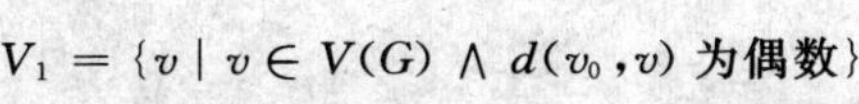

$$V_1 = \{v \mid v \in V(G) \land d(v_0, v) \text{ 为偶数}\}$$
$$V_2 = \{v \mid v \in V(G) \land d(v_0, v) \text{ 为奇数}\}$$

易知，$V_1 \neq \varnothing, V_2 \neq \varnothing, V_1 \cap V_2 = \varnothing, V_1 \cup V_2 = V(G)$.

下面只要证明 V_1 中任意两顶点不相邻，V_2 中任意两点也不相邻. 若存在 $v_i, v_j \in V_1$ 相邻，令 $(v_i, v_j) = e$，设 v_0 到 v_i, v_j 的短程线分别为 Γ_i, Γ_j，则它们的长度 $d(v_0, v_i), d(v_0, v_j)$ 都是偶数，于是 $\Gamma_i \cup \Gamma_j \cup e$ 中一定含奇圈，这与已知条件矛盾，类似可证，V_2 中也不存在相邻的顶点，于是 G 为二部图.

2. 判别图 10.7(见教材) 所示是否为二部图，是否为完全二部图.

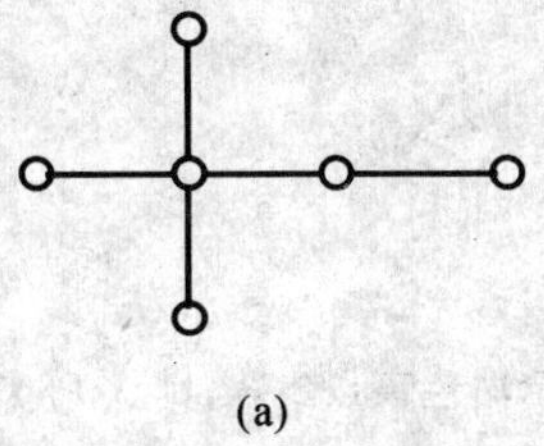

(a)

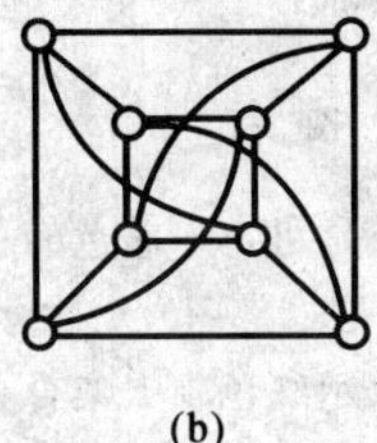

(b)

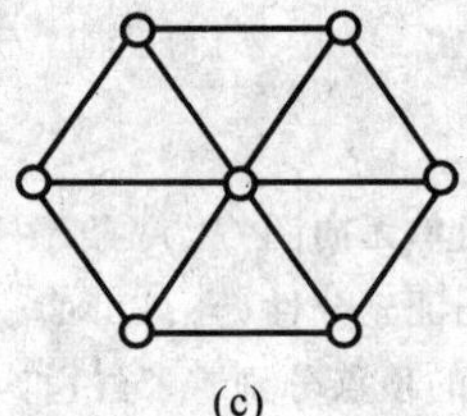

(c)

图 10.7

解 图(a) 是二部图，但不是完全二部图.

图(b) 是完全二部图.

图(c) 不是二部图.

3. 求图 10.8(见教材) 中二部图的一个最大匹配.

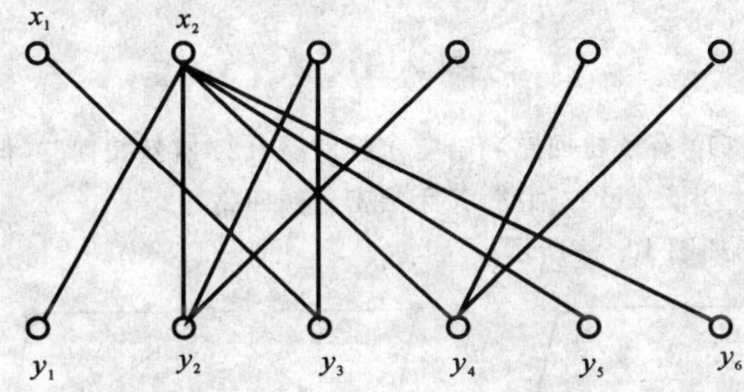

图 10.8

解 (1) 置 $M = \varnothing$，对 $x_1 \sim x_6$ 标记(*).

(2) 找到交替链 (x_1, y_3)，置 $M = \{(x_1, y_3)\}$.

(3) 找到交替链 (x_2, y_1)，置 $M = \{(x_1, y_3), (x_2, y_1)\}$.

(4) 找到交替链 (x_3, y_2)，置 $M = \{(x_1, y_3), (x_2, y_1), (x_3, y_2)\}$.

(5) 找到交替链 (x_5, y_4)，置 $M = \{(x_1, y_3), (x_2, y_1), (x_3, y_2), (x_5, y_4)\}$.

(6) 找不到新的交替链，算法终止. 匹配

$$M = \{(x_1, y_3), (x_2, y_1), (x_3, y_2), (x_5, y_4)\}$$

即为一个最大匹配，如图 10-1 所示.

导教·导学·导考

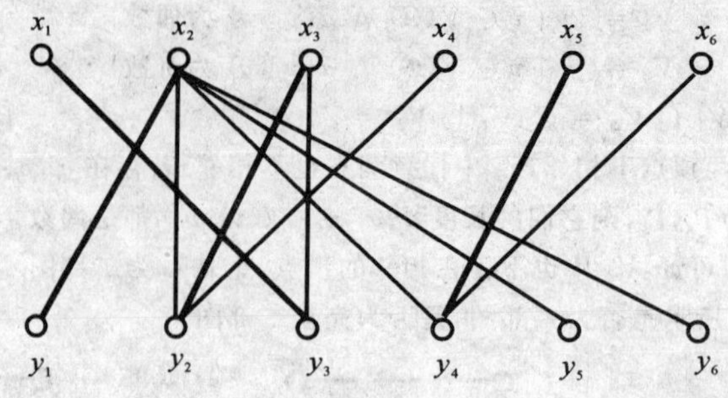

图 10-1

4. 证明:简单无向图 G 为二部图当且仅当 G 是可 2－着色的.

证明 先证充分性(当 G 可 2－着色时,G 是二部图).

不妨设 G 的顶点分别着了红白两色,用 X 表示红色顶点集合,Y 表示白色顶点集合,则 $X \cup Y = V$,$X \cap Y = \varnothing$,且 G 中任意一个条边的两个端点必分属 X,Y 两个集合(分别着不同颜色). 所以,G 满足二分图的定义,即 G 是一个二分图.

再证必要性(当 G 是二部图时,G 可 2-着色).

因为 G 是二部图,所以可将 G 中的顶点分成两个集合 X 和 Y,使得 $X \cup Y = V$,$X \cap Y = \varnothing$,且 G 中任意一个条边的两个端点分属 X,Y 两个集合. 现将 X 中所有顶点着一色,Y 中所有顶点着另一色,则所有边的两个端点都着上了不同颜色,即 G 是可 2-着色的.

所以,命题得证.

习题 10.2

1. 画一个图使它分别满足(1) 有欧拉回路和哈密尔顿回路;(2) 有欧拉回路,但无哈密尔顿回路;(3) 无欧拉回路,但有哈密尔顿回路;(4) 既无欧拉回路,又无哈密尔顿回路.

解 画出的满足要求的图如图 10-2 所示.

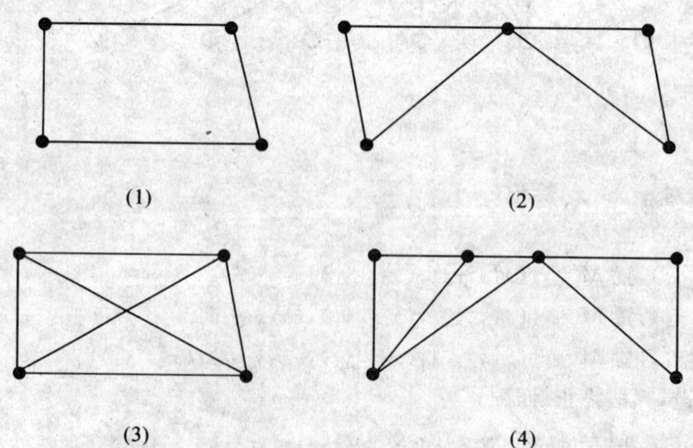

图 10-2

2. 证明：有 n ($n \geqslant 3$) 个顶点，r 个面的平面连通简单图满足

$$r \leqslant 2n-4$$

证明 据定理，

$$m \leqslant 3n-6$$

又因为

$$n-m+r=2$$

故

$$n+r-2 \leqslant 3n-6$$

即

$$r \leqslant 2n-4$$

3. 证明：在有 6 个顶点和 12 条边的连通平面简单图中，每个面的度均为 3.

证明 根据欧拉公式

$$n-m+r=2$$

有

$$r=2-n+m=8$$

故每个面的平均度数为

$$2m / r=3$$

又因为连通平面简单图($n \geqslant 3$) 中每个面的度数均大于或等于 3，因此该图每个面的度数均为 3 .

4. 如果一自对偶图有 n 个顶点、m 条边，证明：

$$m=2(n-1)$$

证明 由于 G 同构于 $G*$，那么 G 的面数 r 等于其顶点数 n. 又因为

$$n-m+r=2$$

故

$$m=2(n-1)$$

5. 证明：若图 G 的最大顶点度数是 d，那么 G 是可$(d+1)$-着色的.

证明 用数学归纳法. 显然，当 G 的顶点数 $n \leqslant d+1$ 时，G 是可$(d+1)$-着色的.

设 G 的顶点数 $n=k$ 时，G 是可$(d+1)$-着色的，现考虑 $n=k+1$ 的情况. 设 v 为 G 中任意一个点，$G'=G-v$，则根据归纳假设，G' 是可$(d+1)$－着色的. 而 v 的度数不超过 d，即与 v 相邻接的节点所着的颜色不超过 d 种，则必可以从 $d+1$ 种颜色中选择一种为 d 着色，使其与相邻节点均不同色. 因此 G 也是可$(d+1)$－着色的.

归纳完成，命题得证.

习题 10.3

1. 无向图 G 具有生成树，当且仅当________，若 G 是有 n 个节点，m 条边的连通图，要使 G 是一棵生成树，必须删去 G 的至少________条边.

解 G 连通；$m-n+1$.

2. 设 G 是由 5 个节点组成的完全图，则从 G 中删去(　　)条边后可以得到树.

(A) 4　　(B)5　　(C)6　　(D)7

解 (C)

3. 由 5 个节点可构成的根树中，其叉数 m 最多为(　　).

(A)2　　(B)3　　(C)5　　(D)4

解 (D)

4. 一棵树 T 有两个 2 度节点，一个 3 度节点，3 个 4 度节点，问 T 有几个一度节点?

解 因为 T 是树，所以 $m=n-1$. 设 T 有 个一度节点，则由握手定理得

$$2 \times 2+1 \times 3+3 \times 4+x \times 1=2 \times(2+1+3+x-1) \Rightarrow x=9$$

5. 求图 10.35(见教材)所示的一棵最小生成树,并计算最小生成树的权.

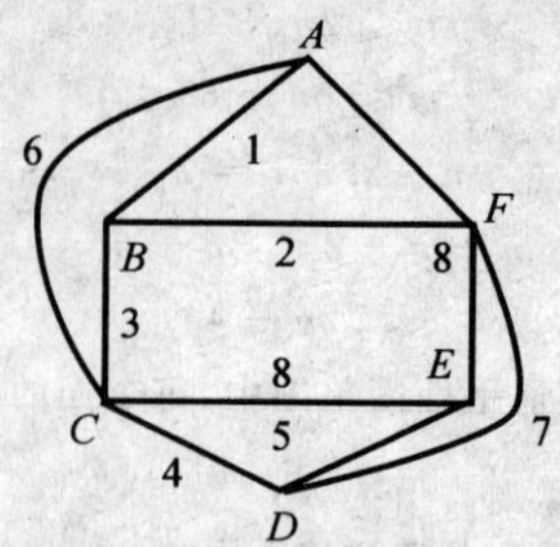

图 10.35

解 图 10.35 的最小生成树如图 10-3 所示.

权值为

$$1+2+3+4+5=15$$

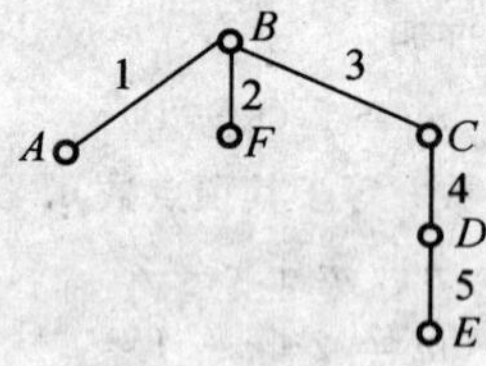

图 10-3

6. 设 G 是一棵树,则 G 的生成树有(　　)棵.

(1) 0　　(2) 1　　(3) 2　　(4) 不能确定

答 (1)

7. 一棵无向树的顶点数 n 与边数 m 关系是(　　).

答 $m=n-1$

8. 有 n 个节点的树,其节点度数之和是(　　).

答 $2n-2$

9. 一个无向图有生成树的充分必要条件是(　　).

答 它是连通图

10. 设 G 是一棵树,n,m 分别表示顶点数和边数,则(　　).

(1) $n=m$　　(2) $m=n+1$　　(3) $n=m+1$　　(4) 不能确定.

答 (3)

11. 设 $T=\langle V,E\rangle$ 是一棵树,若 $|V|>1$,则 T 中至少存在(　　)片树叶.

答 2

12. 任何连通无向图 G 至少有(　　)棵生成树,当且仅当 G 是(　　),G 的生成树只有一棵.

答 1,树

13. 设 T 是一棵树,则 T 是一个连通且(　　)图.

答 无简单回路

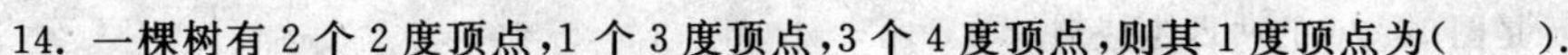

14. 一棵树有 2 个 2 度顶点，1 个 3 度顶点，3 个 4 度顶点，则其 1 度顶点为（　　）.

(1) 5　　(2) 7　　(3) 8　　(4) 9

答　(4)

15. 若一棵完全二元(叉)树有 $2n-1$ 个顶点，则它 E(　　) 片树叶.

(1) n　　(2) $2n$　　(3) $n-1$　　(4) 2

答　(1)

16. 下列哪一种图不一定是树(　　).

(1) 无简单回路的连通图

(2) 有 n 个顶点 $n-1$ 条边的连通图

(3) 每对顶点间都有通路的图

(4) 连通但删去一条边便不连通的图

答　(3)

17. 证明：在有 n 个节点的树中，其节点度数之和是 $2n-2$.

证明　设 $T=\langle V,E\rangle$ 是任意一个棵树，则 $|V|=n$，且 $|E|=n-1$.

由欧拉握手定理，树中所有节点的度数之和等于 $2|E|$. 从而节点度数之和是 $2n-2$.

18. 连通无向图 G 的任何边一定是 G 的某棵生成树的弦，这个断言对吗？若是对的，请证明之，否则请举例说明.

证明　不对.

反例如下：

若 G 本身是一棵树时，则 G 的每一条边都不可能是 G 的任意一棵生成树(实际上只有惟一一棵)的弦.

19. 设 $T=\langle V,E\rangle$ 是一棵树，若 $|V|>1$，证明：T 中至少存在两片树叶.

证明　用反证法证明，设 $|V|=n$. 因为 $T=\langle V,E\rangle$ 是一棵树，所以 $|E|=n-1$.

由欧拉握手定理可得

$$\sum_{v\in V}\deg(v)=2|E|=2n-2$$

假设 T 中最多只有 1 片树叶，则

$$\sum_{v\in V}\deg(v)\geqslant 2(n-1)+1>2n-2$$

得出矛盾.

20. 求图 10.36(见教材) 所示的生成树.

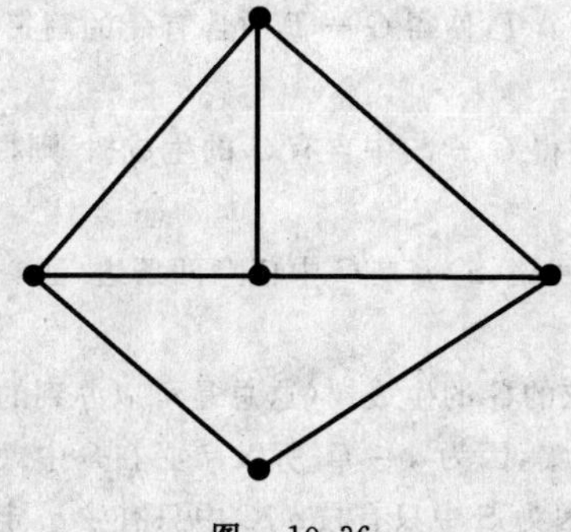

图　10.36

解 图 10-4 所示是图 10.36 的两棵生成树.

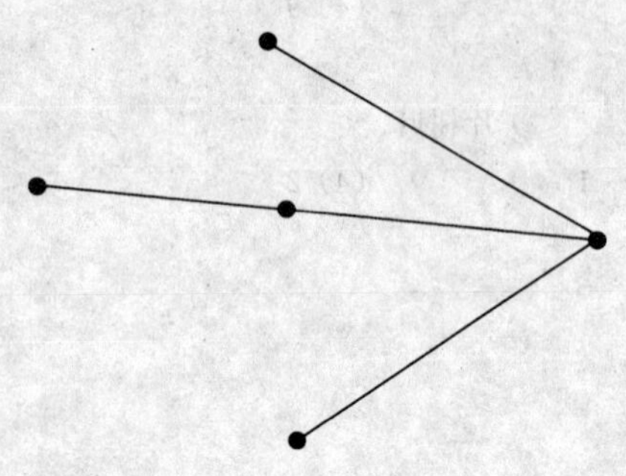

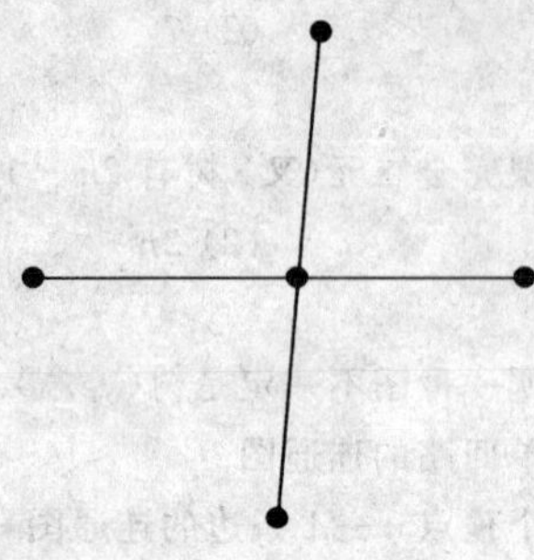

图 10-4

21. 已知一棵无向树中有 2 个 2 度顶点、1 个 3 度顶点、3 个 4 度顶点，其余顶点度数都为 1. 问它有多少个 1 度顶点？

解 设它有 k 个 1 度顶点，则由欧拉握手定理

$$\sum_{v\in V}\deg(v) = 2\mid E\mid$$

可得

$$2\mid E\mid = k+4+3+12 = k+19$$

再由于它是一棵树，故

$$\mid E\mid = k+2+1+3-1 = k+5$$

从而

$$2(k+5) = k+19,\quad k=9$$

故它有 9 个 1 度顶点.

22. 判断下列断言的真假.

(1) 连通无向图 G 的任何边，都是 G 的某一棵生成树的枝.

(2) 连通无向图 G 的任何边，都是 G 的某一棵生成树的弦.

解 (1) 假. 因为环不是任何生成树的枝.

(2) 假. G 的割边不是任意一个生成树的弦.

23. 设 G 为连通无向图，证明：

(1)G 的任意一个生成树 T 的关于 G 的补 $G-T$ 中不含有 G 的割集.

(2)G 的任意一个割集 S 的关于 G 的补 $G-S$(从 G 中删除所有 S 中的边) 中不含有 G 的生成树.

证明 (1) 用反证法. 假设存在某个 T，使得 $G-T$ 中含有 G 的割集，那么根据割集的定义，T 不连通，与 T 为树矛盾，所以，原命题得证.

(2) 用反证法. 假设存在某个 S，使得 $G-S$ 中含有 G 的生成树，则根据树的定义，$G-S$ 仍连通，与 S 为割集矛盾. 所以，原命题得证.

24. 设 C 是连通无向图 G 的一条回路，a，b 是 C 中任意两条边. 证明：存在 G 的割集 S，使得 S 与 C 仅以 a，b 为公共边.

证明 设 T 是以 a 为枝，以 b 为弦的 G 的生成树(这总是可以办到的，因为 a,b 同在一条回路 C 上)，则 C 为 T 的弦 $b-$ 回路. 用 S 表示枝 $a-$ 割集，因为 $a\in C$，所以，b 必在 S 中. 所以，a,b 同为 C 和 S 的公共边. 除此而外，C,S 不可能再有其它的公共边，因为 S 中只有枝 a，C 中只有弦 b. 定理得证.

25. T是连通无向图G的生成树的充分必要条件是：T是G的连通生成子图，且T有$n-1$条边，这里n是G的顶点数.

证明　必要性.

设T是G的生成树，那么T是G的生成子图，且T为树，即T是连通图，$m=n-1$.

充分性.

设T连通且$m=n-1$，那么根据树的定义，可知T为树. 又因为T是G的生成子图，故T是G的生成树.

26. 设T_1，T_2为连通无向图G的两棵不同的生成树，边a在T_1中，但它不在T_2中. 证明：T_2中存在边b，使b不在T_1中，并且$(T_1-a)\cup\{b\}$以及$(T_2-b)\cup\{a\}$都是图G的生成树.

证明　由于a在T_1中，而不在T_2中，故存在T_1的枝a-割集S，T_2的弦a-回路C. 所以S和C除了a之外至少还有一条公共边，记为b，则b为T_2的枝，T_1的弦，即b属于T_2，不属于T_1. 又因为对T_1来说，a属于弦b-回路，对T_2来说，b属于弦a-回路，因此$(T_1-a)\cup\{b\}$以及$(T_2-b)\cup\{a\}$都是无回路的图，且仍满足$m=n-1$. 故$(T_1-a)\cup\{b\}$以及$(T_2-b)\cup\{a\}$都是图G的生成树.

27. 修改克鲁斯克尔算法，使它能作出平面连通边赋权图的最大生成树.

解　设连通边赋权图$G=\langle V,E,\psi,W\rangle$有$n$个顶点$m$条边，并设

$$W(e_1)>W(e_2)>W(e_3)>\cdots>W(e_m)$$

(1) 设置变量k，A. 置k为1，A为$\varnothing$.

(2) 若G的子图$\langle V,A\cup\{e_k\},\psi\mid A\cup\{e_k\}\rangle$不包含回路，那么置$A$为$A\cup\{e_k\}$.

(3) 当$|A|=n-1$时，算法终止，否则置k为$k+1$，回到步骤(2)

$\langle V,A,\psi\mid A\rangle$，即为所求的最大生成树.

28. 证明：给出一个简明而又充分的条件，使得满足这一条件的平面连通边赋权图的最小生成树是唯一的.

证明　边权互不相等的平面连通边赋权简单图的最小生成树是唯一的. 若不然，根据练习10.3第13题，将有T_1，T_2为连通无向图G的两棵不同的生成树，但它们的边权之和相等，那么必有a在T_1中，而不在T_2中，b在T_1中，而不在T_2中. 不妨设$W(a)>W(b)$，于是$(T_1-a)\cup\{b\}$是一棵边权之和更小的生成树. 导出矛盾.

习题　10.4

1. 一个有向树T称为根树，若有向图T________节点的入度为0，其余节点的入度为1，其中________称为树根，称为树叶.

解　恰有一个；入度为0的节点；入度为1的节点.

2. 证明：树和森林都是可2-着色的，从而都是二分图.

证明　由于树无回路，即回路长度为0. 所以树是二分图. 故树是可2-着色的.

又由于森林的诸连通分支均为树，故森林也是二分图，可2-着色.

3. 证明：树和森林都是平面图，其面数为1.

证明　由于树无回路，因而无论怎样切割、贯通操作也不可能以$K_{3,3}$，K_5为子图. 树是平面图，面数为1(无回路).

又由于森林的诸连通分支均为树，因此森林也是平面图，面数为1.

4. 求算式$((a+(b\times c)\times d)-e)\div(f+g)+(h\times i)\times j$的树形表示.

解 该算式的树如图 10-5 所示.

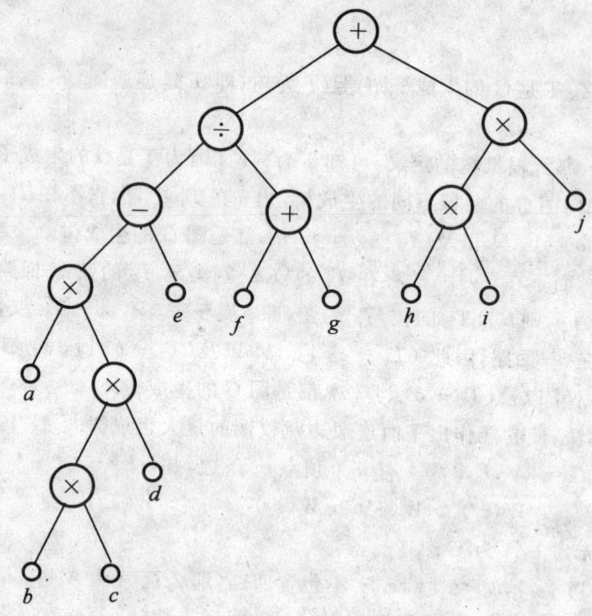

图 10-5

5. 用中序、前序、后序三种遍历法，写出图 10.50(见教材) 所示二叉树的有关算法.

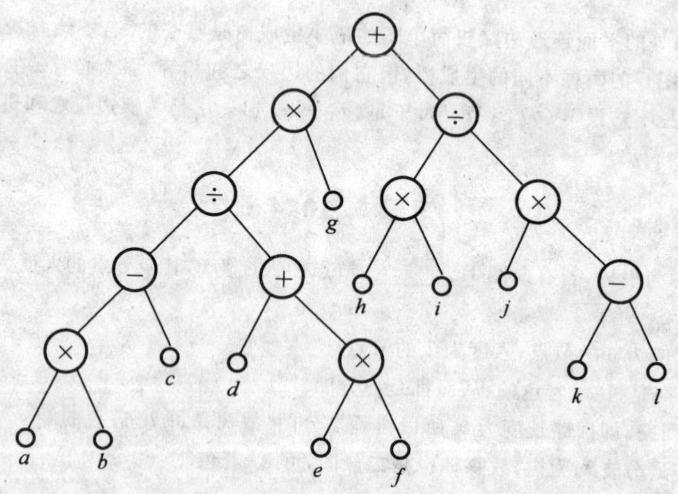

图 10.50

解 中序：左、中、右.

前序：上、左、右.

后序：左、右、上.

中序遍历法：

$$(((a\times b)-c)\div(d+(e\times f)))\times g+((h\times i)\div(j\times(k-1)))$$

前序遍历法：

$$+(\times(\div(-(\times ab)c)(+d(\times ef)))g)(\div(\times hi)(\div j(-kl)))$$

后序遍历法：

$$((((ab\times)c-)(d(ef\times)+)\div)g\div)((hi\times)(j(kl-)\times)\div)+$$

附录　西北工业大学软件与微电子学院 2003—2007 年离散数学课程考试试题

2003—2004 学年第一学期

A 卷

一、填空题(每空 1 分,共 20 分)

1. 设,$F(x)$: x 是火车,$G(y)$: y 是汽车,$H(x,y)$: x 比 y 快,则“每一列火车都比某些汽车快.”可符号化为 ________.

2. 设命题公式 G:$P \to \neg(Q \to R)$,则使公式 G 为假的解释是________、________、________.

3. 设谓词的定义域为$\{a,b,c\}$,将表达式 $\forall x(P(x) \to Q(x))$ 中的量词消除,写成与之等价的命题公式是________.

4. 全集 $E = \{a, b, c, d, e\}$,$A = \{a, d\}$,$B = \{a, b, e\}$,$C = \{b, d\}$,求:$(A \cap B) \cup \overline{C} =$ ________ ,$\rho(A) \cap \rho(C) =$ ________.

5. 设下图 $G = \langle X,E,Y \rangle$ 是个二部图,粗线组成的边集是图的________,X-完全匹配是________,G 的最大匹配是________ .

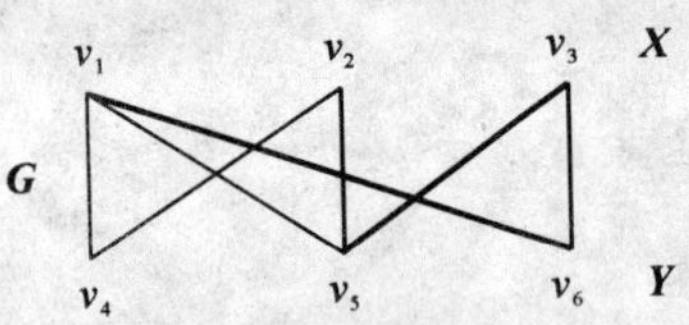

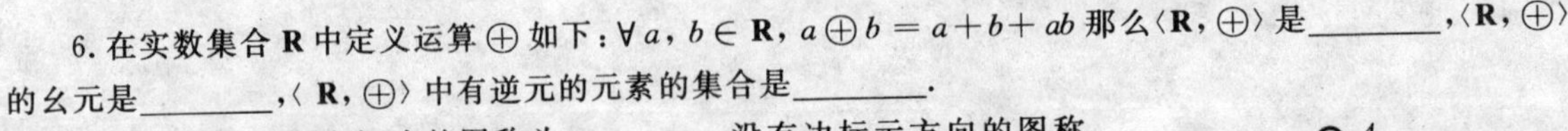

6. 在实数集合 $\mathbf{R}$ 中定义运算 $\oplus$ 如下:$\forall a, b \in \mathbf{R}$, $a \oplus b = a + b + ab$ 那么$\langle \mathbf{R}, \oplus \rangle$ 是________,$\langle \mathbf{R}, \oplus \rangle$ 的幺元是________,$\langle \mathbf{R}, \oplus \rangle$ 中有逆元的元素的集合是________.

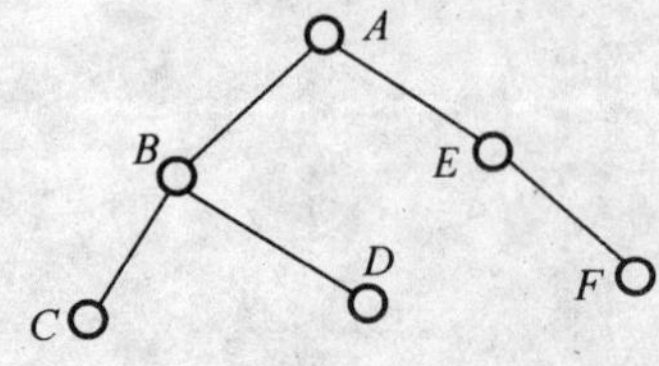

7. 各点之间都有边相连的图称为 ________,没有边标示方向的图称为________;每个点都与其他点相连的图称为 ________,含由原图部分边的图称为原图的________.

8. 对右图二叉树的点先根遍历的次序是 ________,中根遍历的次序是________,后根遍历的次序是________.

二、单项选择题(每空 2 分,共 20 分)

1. 由集合运算定义,下列各式正确的有(　　).

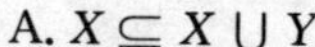

A. $X \subseteq X \cup Y$　　B. $X \supseteq X \cup Y$　　C. $X \subseteq X \cap Y$　　D. $Y \subseteq X \cap Y$

2. 下列命题正确的是(　　).

A. $\varnothing \cap \{\varnothing\} = \varnothing$　　B. $\varnothing \cup \{\varnothing\} = \varnothing$　　C. $\{a\} \in \{a,b,c\}$　　D. $\varnothing \in \{a,b,c\}$

3. 集合 $A=\{a, b, c\}$，A 上的关系 $R=\{(a,b),(a,c),(b,a),(b,c),(c,a),(c,b),(c,c)\}$，则 R 具有关系的(　　)性质.

A. 自反性　　B. 对称性　　C. 反对称性　　D. 传递性

4. 设 R_1，R_2 是集合 $A=\{a, b, c, d\}$ 上的两个关系，中 $R_1=\{(a,a),(b,b),(b,c),(d,d)\}$，$R_2=\{(a,a),(b,b),(b,c),(c,b),(d,d)\}$，则 R_2 是 R_1 的(　　)闭包.

A. 自反　　B. 对称

C. 传递　　D. 以上都不是

5. 设集合 $A=\{a, b, c, d\}$ 上的运算由右表给出，那么 $(A, *)$ 应该是(　　).

*	a	b	c	d
a	a	b	c	d
b	b	a	d	c
c	c	d	a	b
d	d	c	b	a

A. 代数系统　　B. 半群

C. 独异点　　D. 群

6. 已知图 G 的邻接矩阵为 $\begin{bmatrix} 0 & 1 & 0 & 0 \\ 1 & 0 & 1 & 1 \\ 0 & 1 & 0 & 1 \\ 0 & 1 & 1 & 0 \end{bmatrix}$ 则 G 中长度为 2 的路径共有(　　).

A. 8 条　　B. 13 条　　C. 14 条　　D. 18 条

7. 设命题公式 G：$P \rightarrow (P \wedge (Q \rightarrow R))$，则 G 是(　　).

A. 永假式　　B. 永真式　　C. 偶然式　　D. 析取范式

8. 集合 $A=\{a,b,c,d,e\}$，偏序关系 R 的哈斯图如右图所示，若子集 $B=\{c,d,e\}$，则元素 c 为 B 的(　　).

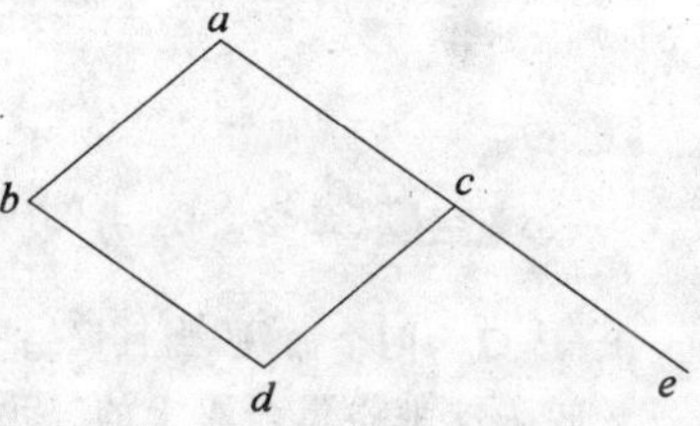

A. 下界　　B. 最大下界

C. 最小上界　　D. 以上答案都不对

9. 一个公式在等价意义下，下面哪个写法是唯一的(　　).

A. 析取范式　　B. 主析取范式

C. 合取范式　　D. 以上答案都不对

10. 某个集合的元素数为 10，可以构成(　　)个子集.

A. 10　　B. 20　　C. 10^2　　D. 2^{10}

三、计算题(每题 8 分，共 40 分)

1. 求命题公式 $P \rightarrow ((P \rightarrow Q) \wedge \neg(\neg Q \vee \neg P))$ 的主析取范式.

2. 已知集合 $A=\{a,b,c,d\}$，R 是集合 A 上的关系，$R=\{(a,b),(b,a),(a,c),(b,d),(d,a)\}$，求：$s(r(R))$；$t(R)$.

3. 设群 $G=\langle N_4, +_4\rangle$，$G$ 的子群 $H=\langle\{0, 2\}, +_4\rangle$，判断 H 是否是 G 的正规子群？若是，求出商群 $\langle G/H, \oplus\rangle$，并且定义运算 $\oplus$.

4. 用迪克斯特拉算法求出下面边有权图中从 a 到 z 的最短路径和权值.

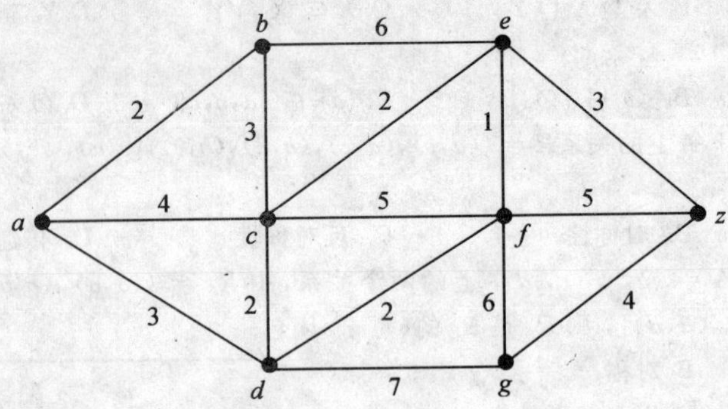

5.求上面有权图所生成的最小生成树和权值.

四、证明题(共 20 分)

1.(5 分) 证明:$P \vee Q, P \rightarrow R, Q \rightarrow S$ 有效推出 $S \vee R$.

2.(15 分) 设集合 $A = \{1,2,3,4\}$,在 A^2 上定义二元关系 R 为

$$\langle a,b\rangle R\langle c,d\rangle \Leftrightarrow a+d=b+c$$

证明:R 是 A^2 上的等价关系,并求出等价关系 R 所划分各个块中的元素.如果在 A^2 上定义二元关系 S 为

$$\langle a,b\rangle S\langle c,d\rangle \Leftrightarrow a+b=c+d$$

S 也是 A^2 上的等价关系吗?若是,同样求出划分块.

B 卷

一、填空题(每空 2 分,共 20 分)

1. P,Q 为两个命题,当且仅当________时,$P \wedge Q$ 的真值为 1,当且仅当________时,$P \vee Q$ 的值为 0.

2.设 R 为非空集合 A 上的二元关系,如果 R 具有自反性、________、________则称 R 为 A 上的一个偏序关系.

3.全集 $E=\{a, b, c, d, e\}$,$A=\{a, c, d\}$,$B=\{a, b, e\}$,$C=\{b, d\}$,求:$A \cap (B \cup C) =$________,$r(A) \cap r(B) =$________.

4.设 $X=\{1,3,5,9,15,45\}$,R 是 X 上的整除关系,则 R 是 x 上的偏序,其最大元是________,极小元是________.

5.写出 $A=\{a,b,c,d\}\}$ 的全部子集________,真子集为________.

二、项选择题(每空 2 分,共 30 分)

1.下面连接词不具有交换律的是(   ).

A. $\rightarrow$　　B. $\wedge$　　C. $\vee$　　D. $\leftrightarrow$

2.合式公式 $(P \wedge (P \rightarrow Q)) \rightarrow Q$ 是(   ).

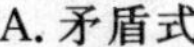

A. 矛盾式　　B. 蕴涵式　　C. 重言式　　D. 等价式

3. 设 $A=\{\varnothing\}$，$B=P(P(A))$，以下不正确的式子是（　　）．

A. $\{\{\varnothing\},\varnothing\}\in B$　　B. $\{\{\varnothing\}\}\in B$

C. $\{\{\varnothing\}\}$ 包含于 B　　D. $\{\{\{\{\varnothing\}\},\varnothing\}\}$ 包含于 B

4. 集合 $A=\{a,b,c\}$，A 上的关系 $R=\{\langle a,b\rangle,\langle b,a\rangle,\langle c,c\rangle,\langle b,b\rangle\}$，则 R 具有关系的（　　）性质．

A. 自反性　　B. 对称性　　C. 反对称性　　D. 传递性

5. 设 f 是实数集 $\mathbf{R}$ 到 $\mathbf{R}$ 的函数，则 $f(x)$ 为双射函数的是（　　）．

A. $f(x)=\begin{cases}1 & x>0\\ -1 & x\leqslant 0\end{cases}$　　B. $f(x)=ln\,x, x>0$

C. $f(x)=\dfrac{1}{x^3+8}\quad x\neq 2$　　D. $f(x)=x^3+8$

6. 设集合 $A=\{1,2,3\}$，下列关系 R 中不是等价关系的是（　　）．

A. $R=\{\langle 1,1\rangle,\langle 2,2\rangle,\langle 3,3\rangle\}$

B. $R=\{\langle 1,1\rangle,\langle 2,2\rangle,\langle 3,3\rangle,\langle 3,2\rangle,\langle 2,3\rangle\}$

C. $R=\{\langle 1,1\rangle,\langle 2,2\rangle,\langle 3,3\rangle,\langle 1,4\rangle\}$

D. $R=\{\langle 1,1\rangle,\langle 2,2\rangle,\langle 1,2\rangle,\langle 2,1\rangle,\langle 1,3\rangle,\langle 3,1\rangle,\langle 3,3\rangle,\langle 2,3\rangle,\langle 3,2\rangle\}$

7. 设 G 为完全二部图 $K_{2,3}$，下面命题中为真的是（　　）．

A. G 有欧拉路　　B. G 有哈密尔顿路

C. G 为平面图　　D. G 为正则图

8. 设 A,B,C 是任意集合，若有 $A\subseteq B$ 且 $B\subseteq C$，则有（　　）．

A. $A\subseteq C$　　B. $A\notin B$　　C. $A\subseteq B$　　D. 不一定

9. 设集合 $A=\{x\mid x<12\}$，$B=\{x\mid x=2k,k\in\mathbf{Z}_+\}$，$C=\{x\mid x\leqslant 8\}$，则 $\{2,4,6,8\}$ 可表示为（　　）．

A. $A\cap B$　　B. $B-A$　　C. $A\cap C$　　D. $C-A$

10. 由集合运算的定义，对于全集 U 和空集 $\varnothing$，下列各式正确的是（　　）．

A. $A\cup U=A$　　B. $A\cap\varnothing=A$　　C. $A\oplus\varnothing=A$　　D. $A\oplus A=A$

11. 设 G 如右图所示：那么 G 不是（　　）．

A. 平面图　　B. 完全图

C. 欧拉图　　D. 哈密尔顿图

12. 设 X,Y,Z 为任意集合，下列命题正确的有（　　）．

A. 若 $X\cup Y=X\cup Z$，则 $Y=Z$　　B. 若 $X\cap Y=Y\cap Z$，则 $Y=Z$

C. 若 $\neg X\cup Y=E$，则 $X\subseteq Y$　　D. 若 $X-Y=\varnothing$，则 $Y=X$

13. 一阶公式 $\forall x(p(x)\vee\exists yR(y))\rightarrow Q(x)$ 中量词 $\forall x$ 的辖域是（　　）．

A. $\forall x(p(x)\vee\exists yR(y))$　　B. $p(x)$

C. $(p(x)\vee\exists yR(y))$　　D. $(p(x)\vee\exists yR(y))\rightarrow Q(x)$

14. 某个集合的元数为10，可以构成（　　）个子集．

A. 10　　B. 20　　C. 10^2　　D. 2^{10}

15. 运算 $*$ 定义在自然数集合 $\mathbf{N}$ 上，下列哪种运算是可结合的？（　　）

A. $x*y=Max(x,y)$　　B. $x*y=2x+y$

C. $x*y=x^2+y^2$　　D. $x*y=(x-y)$

三、计算题（每题 5 分，共 35 分）

1. 设全集 $E = \mathbf{N}$，有下列子集 $A = \{1,2,8,10\}$，$B = \{n \mid n^2 < 50, n \in \mathbf{N}\}$，$C = \{n \mid n$ 可以被 3 整除，且 $n < 20, n \in \mathbf{N}\}$，$D = \{n \mid n = 2^i, i < 6$，且 $i, n \in \mathbf{N}\}$.

求：(1)$A \cup (C \cap D)$；(2)$B - (A \cap C)$；(3)$(\overline{A} \cap B) \cup D$.

2. 求命题公式$(\neg P \vee \neg Q) \rightarrow (P \leftrightarrow \neg Q)$的两种主范式.

3. 设集合 $A = \{2,3,5,6,12,15\}$，求出 A 上整除关系 R 的关系矩阵?画出偏序 R 的哈斯图；

4. 考虑实数集合 R 到 R 的函数如下：

$$f(x) = 2^x + 5, \quad g(x) = x^2 - 4$$

求：$f \circ f$，$g \circ g$，$f \circ g$，$g \circ f$.

5. 在实数集合 $\mathbf{R}$ 中定义运算 $\oplus$ 如下：

$$\forall a, b \in \mathbf{R}, \quad a \oplus b = a + b + ab$$

判断$\langle R, \oplus \rangle$是什么代数?求$\langle \mathbf{R}, \oplus \rangle$的幺元，求$\langle \mathbf{R}, \oplus \rangle$中有逆元的元素的集合.

6. 试用克鲁斯卡尔算法求下图所示权图中的最小生成树和权值.

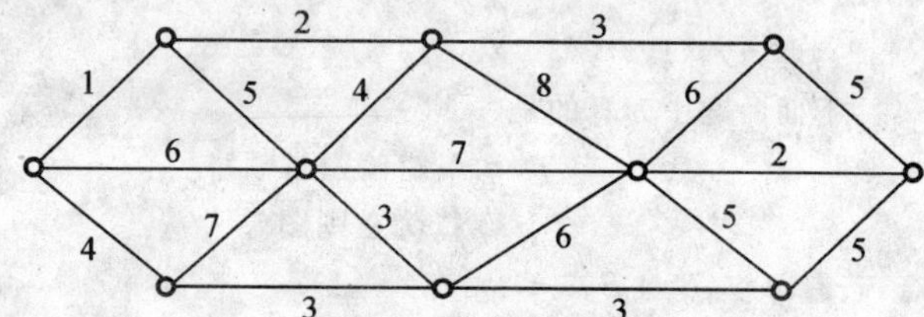

7. $A = \{a,b,c,d\}$，R_1, R_2 是 A 上的关系，其中 $R_1 = \{(a,a),(a,b),(b,a),(b,b),(c,c),(c,d),(d,c),(d,d)\}$，$R_2 = \{(a,b),(b,a),(a,c),(c,(b,c),(c,b),(a,a),(b,b),(c,c))$.

(1) 写出 R_1 和 R_2 的关系矩阵，并画出 R_1 和 R_2 的关系图；

(2) 判断它们是否为等价关系，是等价关系的求 A 中各元素的等价类.

四、证明题（共 15 分）

1.（5 分）证明：等价式$(\neg P \wedge (\neg Q \wedge R)) \vee (Q \wedge R) \vee (P \wedge R) = R$. 2.（10 分）设 A,B,C 为三个任意集合，证明：

(1)$A \cap (B \cup C) = (A \cap B) \cup (A \cap C)$；

(2)$\rho(A) \cup \rho(B) \subseteq \rho(A \cup B)$.

2004—2005 学年第一学期

A 卷

一、填空题（每空 2 分，共 20 分）

1. 有向图的邻接矩阵能表示节点之间的________关系；有向图的邻接矩阵的 n 次幂能表示节点之间________.

2. 设谓词的定义域为 $\{a,b,c\}$，将表达式 $\forall x(P(x)\rightarrow Q(x))$ 中的量词消除，写成与之等价的命题公式是________.

3. 全集 $E=\{a,b,c,d,e\}$，$A=\{a,d\}$，$B=\{a,b,e\}$，$C=\{b,d\}$，求：$A\cap(B\cup C)=$ ________，$\rho(A)\cap\rho(B)=$ ________.

4. 设 $\mathbf{R}$ 为实数集，映射 $h:\mathbf{R}\rightarrow\mathbf{R}$，$h(x)=2x-1$，则函数 h 为________射函数.

5. 设 $A=\{a,b\}$，$B=\{x\mid x^2-(a+b)x+ab=0\}$，则两个集合的关系为 A ________ B.

6. 对右图二叉树的点先根遍历的次序是________，中根遍历的次序是________，后根遍历的次序是________.

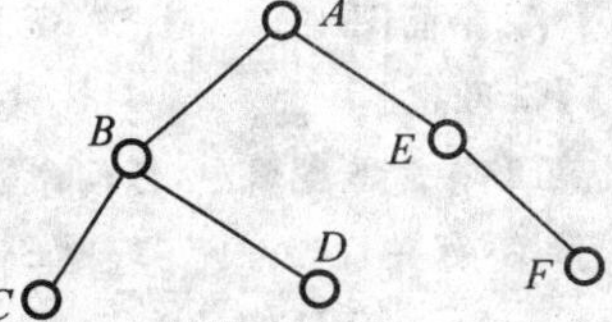

二、项选择题（每空 2 分，共 30 分）

1. 下列语句中，（　　）是命题.

A. 下午有会吗？　　B. 这朵花多好看呀！　　C. 2 是常数　　D. 把门关上好吗？

2. 下列命题正确的是（　　）.

A. $\varnothing=0$　　B. $\varnothing\in\{\varnothing\}$　　C. $\varnothing\in\{a,b\}$　　D. $\varnothing\in\varnothing$

3. 对个体域 $D=\{a,b\}$，二元谓词 $F(x,y)$ 的真值是 $F(a,a)=(b,b)=0$，$F(a,b)=F(b,a)=1$，下列公式中真值为真的是（　　）.

A. $\forall x\exists yF(x,y)$　　B. $\exists x\forall yF(x,y)$　　C. $\forall x\forall yF(x,y)$　　D. $\exists x\exists yF(x,y)$

4. 集合 $A=\{a,b,c\}$，A 上的关系 $R=\{\langle a,b\rangle,\langle b,a\rangle,\langle c,c\rangle,\langle b,b\rangle\}$，则 R 具有关系的（　　）性质.

A. 自反性　　B. 对称性

C. 反对称性　　D. 传递性

5. 设集合 $A=\{a,b,c,d\}$ 上的运算由右表给出，那么 $(A,*)$ 应该是（　　）.

*	a	b	c	d
a	a	b	c	d
b	b	a	d	c
c	c	d	a	b
d	d	c	b	a

A. 代数系统，　　B. 半群，

C. 独异点，　　D. 群

6.已知无向图 G 的相邻矩阵为 $\begin{bmatrix}0&1&1&1&1\\1&0&1&0&0\\1&1&0&1&1\\1&0&1&0&1\\1&0&1&1&0\end{bmatrix}$，则 G 有(　　).

A. 5 点，8 边　　B. 6 点，7 边　　C. 5 点，7 边　　D. 6 点，8 边

7.设 G 为完全二部图 $K_{2,3}$，下面命题中为真的是(　　).

A. G 有欧拉回路　　B. G 有哈密尔顿回路　　C. G 为平面图　　D. G 为正则图

8.对于任意集合 X,Y,Z，则(　　)成立.

A. $X\cap Y=X\cap Z\ T\ Y=Z$　　B. $X\cup Y=X\cup Z\ T\ Y=Z$

C. $X-Y=X-Z\ T\ Y=Z$　　D. $X\oplus Y=X\oplus Z\ T\ Y=Z$

9.设 $\mathbf{R}$ 为实数集，定义 $*$ 运算：$a*b=|a+b+ab|$，则 $*$ 运算满足(　　).

A. 结合律　　B. 交换律　　C. 有幺元　　D. 幂等律

10.由集合运算的定义，对于全集 U 和空集 $\varnothing$，下列各式正确的是(　　).

A. $A\cup U=A$　　B. $A\cap f=A$　　C. $A\oplus\varnothing=A$　　D. $A\oplus A=A$

11.设 G 如右图所示，那么 G 不是(　　).

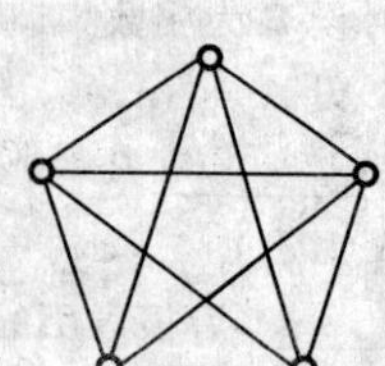

A. 平面图　　B. 完全图

C. 欧拉图　　D. 哈密尔顿图

12.在命题逻辑中，任何命题公式的主析(合)取范式都(　　).

A. 存在且唯一　　B. 存在但不唯一

C. 不一定存在　　D. 不存在

13.一阶公式 $\forall x(p(x)\vee\exists yR(y))\rightarrow Q(x)$ 中量词 $\forall x$ 的辖域是(　　).

A. $\forall x(p(x)\vee\exists yR(y))$ B. $p(x)$　　C. $(p(x)\vee\exists yR(y))$　D. $(p(x)\vee\exists yR(y))\rightarrow Q(x)$

14.设集合 $S=\{a,b,c\}$，S 上所有等价关系的数目为(　　).

A. 5　　B. 6　　C. 7　　D. 8

15.运算 $*$ 定义在自然数集合 $\mathbf{N}$ 上，下列哪种运算是可结合的?(　　)

A. $x*y=max(x,y)$　B. $x*y=2x+y$　C. $x*y=x^2+y^2$　D. $x*y=(x-y)$

三、计算题(每题 5 分，共 35 分)

1. R 是集合 $A=\{a,b,c\}$ 上的关系，$R=\{\langle a,b\rangle,\langle b,a\rangle,\langle a,c\rangle\}$，用关系矩阵求 $r(R)$，$s(R)$，$t(R)$.

2.求命题公式 $(\neg P\vee\neg Q)\rightarrow(P\leftrightarrow\neg Q)$ 的两种主范式.

3.设集合 $A=\{2,3,5,6,12,15\}$，求出 A 上整除关系 R 的关系矩阵?画出偏序 R 的哈斯图；

4.考虑实数集合 $\mathbf{R}$ 到 $\mathbf{R}$ 的函数如下：

$$f(x)=2x+5,\quad g(x)=x-4$$

求：$f\circ f$，$g\circ g$，$f\circ g$，$g\circ f$.

5.在实数集合 $\mathbf{R}$ 中定义运算 $\oplus$ 如下：

$$\forall a,b\in\mathbf{R},\quad a\oplus b=a+b+ab$$

判断 $\langle\mathbf{R},\oplus\rangle$ 是什么代数?求 $\langle\mathbf{R},\oplus\rangle$ 的幺元，求 $\langle\mathbf{R},\oplus\rangle$ 中有逆元的元素的集合.

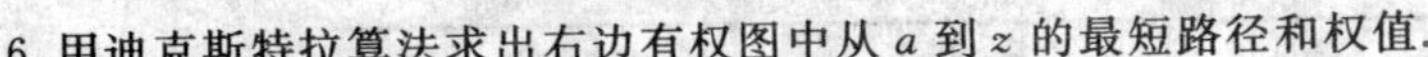

6. 用迪克斯特拉算法求出右边有权图中从 a 到 z 的最短路径和权值.

7. 求右边有权图所生成的最小生成树和权值.

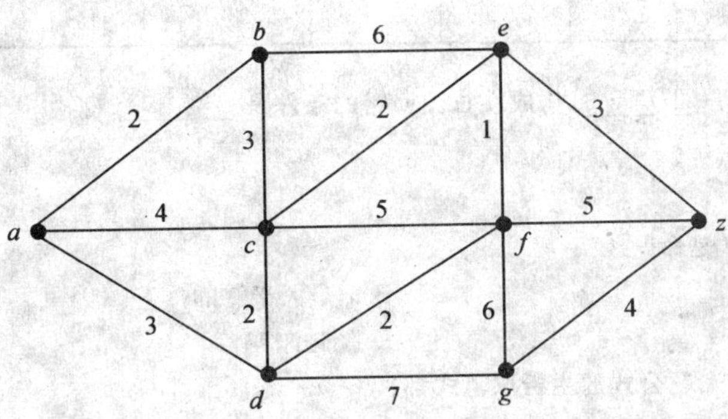

四、证明题(其中第2、3小题任选作一题)(共15分)

1.(5分) 证明 $P \wedge Q \to R, \neg R \vee S, \neg S$ 能有效推出 $\neg P \vee \neg Q$.

2.(10分) 设集合 $A=\{1,2,3\}$,在 A^2 上定义二元关系 R 为 $\langle a,b\rangle R\langle c,d\rangle \Leftrightarrow a+d=b+c$.

(1) 证明:R 是 A^2 上的等价关系,并求出等价关系 R 所划分 A^2 的各个块中的元素.

(2) 如果在 A^2 上定义二元关系 S 为

$$\langle a,b\rangle S\langle c,d\rangle \Leftrightarrow a+b=c+d$$

问:S 也是 A^2 上的等价关系吗?如果是,同样求出对 A^2 的划分块.

3.(10分) 设 $(G,*)$ 为循环群,生成元为 g,设 $(A,*)$ 和 $(B,*)$ 均为 $(G,*)$ 的子群,而 a 和 b 分别为 $(A,*)$ 和 $(B,*)$ 的生成元.

(1) 证明 $(A\cap B,*)$ 是 $(G,*)$ 的子群.

(2) 问:$(A\cap B,*)$ 是也为循环群玛?如果是,请求出其生成元.

B卷

一、填空题(每空2分,共20分)

1. 有向图的邻接矩阵能表示节点关系的 ________,无向图的邻接矩阵能表示节点关系的 ________.

2. 设谓词的定义域为 $\{a,b,c\}$,将表达式 $\forall x(P(x)\to Q(x))$ 中的量词消除,写成与之等价的命题公式是________.

3. 下列左侧的集合对于顶行的二元运算是否封闭?用 Y 和 N 填下表:(每空1分)

	+	×	−	x^2	min
I					
$\{2x \mid x \in \mathbf{Z}\}$					

4. 构成欧拉路的条件是 ________，构成欧拉图回路的条件是 ________.

二、项选择题（每空 2 分，共 30 分）

1. 下列语句中，(　　)是命题.

A. 下午上课吗？　　B. x 是大于 0 的

C. 这幅画很好看呀！　　D. 能进来吗？

2. 在命题逻辑中，任何命题公式的主析取范式都(　　).

A. 存在且唯一　　B. 存在但不唯一　　C. 不一定存在　　D. 不存在

3．一阶公式 $\forall x(p(x) \vee \exists yR(y)) \to Q(x)$ 中量词 $\forall x$ 的辖域是 (　　).

A. $\forall x(p(x) \vee \exists yR(y))$　　B. $p(x)$

C. $(p(x) \vee \exists yR(y))$　　D. $(p(x) \vee \exists yR(y)) \to Q(x)$

4. 设 A，B 是集合，$A \cap B = A$ 的充分必要条件是 (　　).

A. $A = \varnothing$　　B. B 包含于 A　　C. $A \cup B = A$　　D. $A - B = \varnothing$

5. 下列四个命题中哪一个为真？(　　)

A. $\varnothing \in \varnothing$　　B. $\varnothing \in \{a\}$　　C. $\varnothing \in \{\{\varnothing\}\}$　　D. $\varnothing \subseteq \varnothing$

6. 设集合 $S = \{a, b, c\}$，S 上所有互不相同的等价关系的数目为 (　　).

A. 5　　B. 6　　C. 7　　D. 8

7. 仅有孤立点组成的图是 (　　).

A. 零图　　B. 平凡图　　C. 完全图　　D. 子图

8. $K_{3,3}$ 是 (　　)，

A. 欧拉图　　B. 哈密尔顿图　　C. 平面图　　D. 完全图

9. 在完全图 K_4 的所有非同构的生成子图中，有(　　)个是 3 条边的？

A. 1　　B. 2　　C. 3　　D. 4

10. 在自然数集合 **N** 上，下列哪种运算是可结合的？(　　)

A. $x * y = \max(x, y)$　　B. $x * y = 2x + y$

C. $x * y = x^2 + y^2$　　D. $x * y = (x - y)$

11. 设 **R** 为实数集，定义 $*$ 运算如下：$a * b = |a + b + ab|$，则 $*$ 运算满足(　　).

A. 结合律　　B. 交换律　　C. 有幺元　　D. 幂等律

12. 由集合运算的定义，对于全集 U 和空集 $\varnothing$，下列各式正确的是(　　).

A. $A \cup U = A$　　B. $A \cap f = A$　　C. $A \oplus f = A$　　D. $A \oplus A = A$

13. 设个体域为整数，下列公式中真值为 1 的是(　　).

A. $\forall x \forall y(x + y = 1)$　B. $\forall x \exists y(x + y = 1)$　C. $\exists x \forall y(x + y = 1)$　D. $\neg \exists x \exists y(x + y = 1)$

14. 下列命题为假的是(　　).

A. $\{\varnothing\} \in \rho(\varnothing)$　　B. $\varnothing \subseteq \rho(\{\varnothing\})$　　C. $\{\varnothing\} \supseteq \rho(\varnothing)$　　D. $\rho(\varnothing) \in \rho(\{\varnothing\})$

15. 设集合 $A=\{1,2,3,4\}$，A 上的关系 $R=\{(1,1),(2,3),(2,4),(3,4)\}$，则 R 具有（　　）.

A. 自反性　　B. 传递性　　C. 对称性　　D. 以上都不是

三、计算题（每题 5 分，共 35 分）

1. 设集合 $A=\{1,2\}$ $B=\{a,b,\}$，试求：

(1) $A\times B$；(2) $A^2\times B$；(3) $\rho(A)\times B$.

2. 求命题公式 $P\vee(\neg P\to(Q\vee\neg Q\to R))$ 的主析取范式.

3. 集合 $A=\{a,b,c\}$，R 是集合 A 上的关系，$R=\{(a,b),(b,a),(b,c)\}$，求 $t(s(r(R)))$.

4. 求命题公式 $(\neg P\vee\neg Q)\to(P\leftrightarrow\neg Q)$ 的两种主范式.

5. 设集合 $A=\{a,b,c,d,e\}$，$R=\{(a,b),(b,c),(a,d),(a,e),(b,e),(c,e),(d,e)\cup I_A$，判断 (A,R) 是偏序吗？如果是画出偏序 R 的哈斯图.

6. 在实数集合 $\mathbf{R}$ 中定义运算 $\oplus$ 如下：

$$\forall a,b\in R,\quad a\oplus b=a+b+ab$$

判断 $\langle\mathbf{R},\oplus\rangle$ 是什么代数？求 $\langle\mathbf{R},\oplus\rangle$ 的幺元，求 $\langle\mathbf{R},\oplus\rangle$ 中有逆元的元素的集合.

7. 设集合 $A=\{2,3,4,6,8,12,24\}$，R 为 A 上的整除关系，

(1) 求出偏序 R；

(2) 画出偏序 R 的哈斯图.

四、证明题（共 15 分）

1. (10 分) 设 $f:G\to H$ 是群 $(G,*)$ 到群 $(H,.)$ 的同构映射. 若 $b=f(a)$，证明：a 和 b 有相同的周期.

2. (5 分) 证明 $P\vee Q, P\to R, Q\to S$ 能有效推出 $S\vee R$.

2005—2006 学年第一学期

A 卷

一、填空题（每空 1 分，共 20 分，填在试卷上）

1. 谓词的个体域为$\{a,b,c\}$，将公式 $\exists x(\neg P(x) \to Q(x))$ 中的量词消除，写成与之等价的命题公式是________ 原公式的对偶式是________.

2. 集合 $A=\{a, b, c, d\}$，$B=\{c, d, e\}$，它们的环和 $A \oplus B=$ ________，环积 $A \oplus B=$ ________.

3. 已知集合 $A=\{a, b, c\}$，$B=\{b, c, d\}$，那么 $\rho(A \cap B)=$ ________，$\rho(A) \cap \rho(B)=$ ________.

4. 在集合 $A=\{a, b, c\}$ 上定义的二元关系 R，其关系矩阵 $\boldsymbol{M}_R=\begin{pmatrix}1 & 0 & 1\\0 & 1 & 0\\1 & 0 & 1\end{pmatrix}$，则关系 R 是________ 关系；$R^n=$ ________.

5. 在集合 $A=\{a, b, c, d\}$ 上的关系 $S=\{\langle a,a\rangle, \langle a,c\rangle, \langle b,b\rangle, \langle b,c\rangle, \langle c,c\rangle, \langle d,a\rangle, \langle d,b\rangle, \langle d,d\rangle\}$，则关系 S 是________ 关系；在集合 A 的极大元素是 ________.

6. 将集合 $\mathbf{N}_4$ 中的元素按模 2 等价的划分是 ________；该划分诱导出的等价关系 R 的关系矩阵 $\boldsymbol{M}_R=\begin{pmatrix} & & \\ & & \\ & & \end{pmatrix}$.

7. 设 $\mathbf{R}, \mathbf{R}_+$ 为实数集和正实数集，映射 $f:\mathbf{R} \to \mathbf{R}^+$，$f(x)=x^2$ 则函数 f 为________ 射函数. 在集合________ 上函数 f 才有逆函数 f^{-1}.

8. 在代数系统 $G=\langle A, * \rangle$ 的载体 A 上的等价关系 R 可将 A 等价划分，由划分块构造新集合叫________；若关系 R 升级成同余关系，那么在构造的新集合上可以定义 G 的 ________.

9. 多重图中有________ 边而简单图中无，并且简单图中无 ________.

10. 下图中的强分图的点集是 ________；单向分图的点集是 ________；

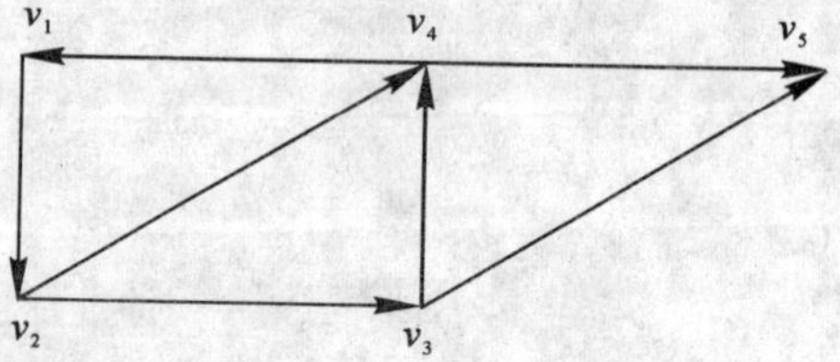

v_1, v_4, v_5, v_2, v_3

二、单项选择题（每空 2 分，共 20，分填在试卷上）

1. 下列哪个语句是命题？（　　）

A. 严禁交头接耳！　　　　B. 你考试及格了吗？

C. 我没说实话.　　　　D. 哥德巴赫猜想是能证明的.

2. 下面哪个公式不是重言式?(　　)

A. $Q \to (P \vee Q)$　　　　B. $(P \wedge Q) \to P$

C. $\neg(P \wedge \neg Q) \wedge (\neg P \vee Q)$　　　　D. $(P \to Q) \leftrightarrow (\neg P \vee Q)$

3. 下列集合中，________对普通加法和普通乘法都封闭.

A. $\{0,1\}$　　B. $\{1,2\}$　　C. $\{2n \mid n \in \mathbf{N}\}$　　D. $\{2n \mid n \in N\}$

4. 设集合 $A = \{1,2,3,4\}$, A 上的关系 $R = \{\langle 1,1\rangle, \langle 2,3\rangle, \langle 2,4\rangle, \langle 3,4\rangle\}$, 则 R 具有(　　).

A. 自反性　　B. 传递性　　C. 对称性　　D. 以上都不是

5. 右图不是________.

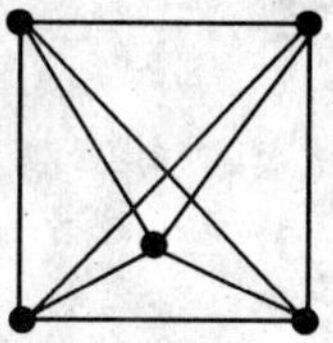

A. 欧拉图　　B. 哈密尔顿图

C. 二部图　　D. 完全图

6. 已知无向图 G 的相邻矩阵为 $\begin{bmatrix} 0 & 1 & 1 & 1 & 1 \\ 1 & 0 & 1 & 0 & 0 \\ 1 & 1 & 0 & 1 & 1 \\ 1 & 0 & 1 & 0 & 1 \\ 1 & 0 & 1 & 1 & 0 \end{bmatrix}$ 下面命题中为真的是(　　).

A. G 有欧拉路　　B. G 有欧拉回路　　C. G 为完全图　　D. G 为正则图

7. 下列二元关系中，________能构成函数.

A. $\{\langle a,b\rangle \mid a+b>5, a,b \in \mathbf{N}\}$　　　　B. $\{\langle a,b\rangle \mid b =$ 小于 a 的素数个数$\}$

C. $\{\langle 1,\langle 2,3\rangle\rangle, \langle 2,\langle 3,4\rangle\rangle, \langle 1,\langle 2,4\rangle\rangle\}$　　　　D. $\{\langle x,y\rangle \mid y^2 = x, x,y \in \mathbf{R}\}$

8. 设 G 是连通平面图，有 5 个顶点，6 个面，则 G 的边数是(　　).

A. 9 条　　B. 5 条　　C. 6 条　　D. 11 条

9. 设 P 是一个谓词，则一阶逻辑公式 $\exists x P(x) \to \forall x P(x)$ 是(　　).

A. 恒真的　　B. 恒假的　　C. 可满足的　　D. 不可满足的

10. 若供选择答案中的数值表示一个简单图中各个顶点的度，能画出图的是(　　).

A. (1,2,2,3,4,5)　　B. (1,2,3,4,5,5)　　C. (1,1,1,2,3,3)　　D. (2,3,3,4,5,6)

三、判断题（在括号中打"×"、"√"每题2分，共10分，填在试卷上）

1. 设 $2N, 3N$ 分别为 2,3 的倍数集，则 $\{2N, 3N\}$ 是 N 的划分.　(　　)

2. 集合 A 上的任何关系都不可能既是对称的，又是反对称的.　(　　)

3. 若 $\langle A, *\rangle$, $\langle B, *\rangle$ 都是群 $\langle G, *\rangle$ 的子群，则 $\langle A \cap B, *\rangle$ 也是 $\langle G, *\rangle$ 的子群.　(　　)

4. 除了单位元以外，一个群没有其他幂等元.　(　　)

5. 若简单图 G 不连通，则其补图 必是连通的.　(　　)

四、计算题（每题8分，共40分，答在答题纸上）

1. 设 $A = \{1,2,3,4\}$ 上的二元关系 $R = \{\langle 1,3\rangle, \langle 2,2\rangle, \langle 3,4\rangle, \langle 4,4\rangle\}$, 用关系矩阵求 $r(R)$, $s(R)$, $t(R)$.

2. 求命题公式 $\neg((P \to (\neg Q)) \to R)$ 的主析取范式和主合取范式.

3. 考虑集合 $A = \{0,1,2,3\}$ 上的两个关系：$R_1 = \{\langle x, y\rangle \mid y = x+1 \vee y = x/2\}$, $R_2 = \{\langle x, y\rangle \mid$

$x = y + 2\}$ 求如下复合关系：(1)$R_1 \circ R_2$；(2) $R_2 \circ R_1$；(3)R_1^3；(4)$\widetilde{R}_2 \circ \widetilde{R}_1$.

4.实数集$\mathbf{R}$上定义运算 $*$ 为$a * b = a + b - 3ab$，求(1) 幺元；(2) 零元；(3) 讨论逆元；(4) 说明$\langle \mathbf{R}, * \rangle$是否是群?将载体 R 怎样修改后能构成群?

5.用迪克斯特拉算法求出下左有权图中从 A 到其余各点的最短路径(用节点序列表示)和各个路径的权值；再求下右有权图所生成的最小生成树和权值.

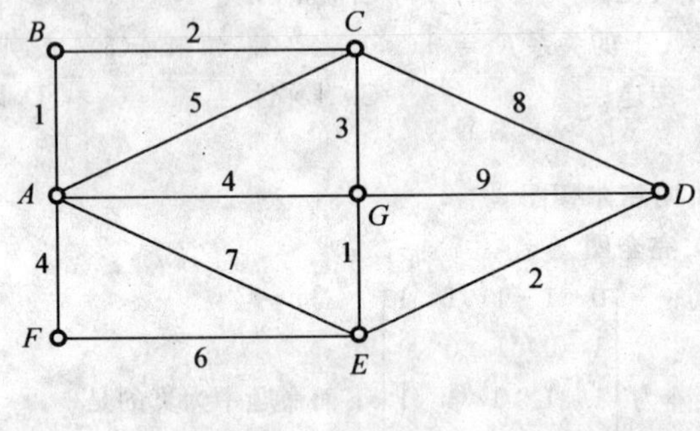

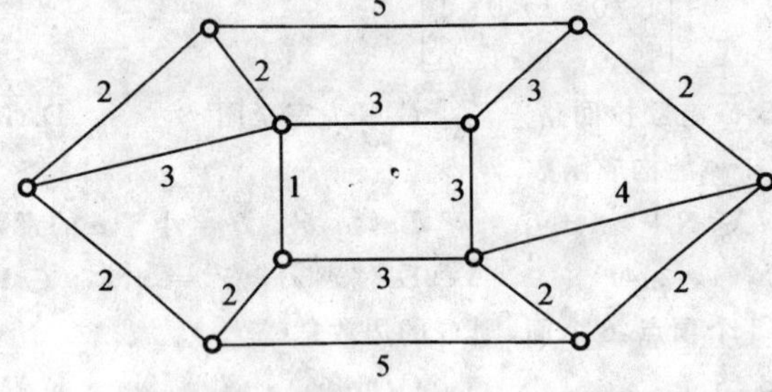

五、证明题(每题 5 分，共 10 分，答在答题纸上)

1.证明：$\neg P \vee Q, \neg P \to \neg R, Q \to S$ 能有效推出 $R \to S$.

2.设$\langle A, * \rangle$，$\langle B, * \rangle$都是群$\langle G, * \rangle$的子群，定义集合 $AB = \{a * b \mid a \in A \wedge b \in B\}$ 证明：当 $AB = BA$ 时，$\langle AB, * \rangle$也是$\langle G, * \rangle$的子群.

B卷

一、填空题(每空 1 分，共 30 分，填在试卷上)

1.$(((P \to Q) \vee \neg Q) \to RQ)$ ________ 合式公式.

2. 公式$(R \wedge (R \to Q)) \to Q$ ________ 重言式.

4.A,B为集合，则 $A \cap (B \cup A)$ ________ A.

5.设 $Y = \{a,b,c\}$，则 $\rho(Y)$ 中有 ________个元素.

6.R,S都是A上的自反，传递，对称关系，则 $s(R \cap S) =$ ________.

7. ________ 函数有逆函数存在.

8. 有向图的邻接矩阵能表示节点之间 ________,有向图的邻接矩阵的 n 次幂能表示节点之间 ________.

9. 设谓词的定义域为 $\{a,b,c\}$,将表达式 $\forall x(P(x)\rightarrow Q(x))$ 中的量词消除,写成与之等价的命题公式是________.

10. 全集 $E=\{a, b, c, d, e\}$,$A=\{a, d\}$,$B=\{a, b, e\}$,$C=\{b, d\}$,求:$A\cap(B\cup C)=$ ________;$\rho(A)\cap\rho(B)=$ ________.

11. 设 $\mathbf{R}$ 为实数集,映射 $h:\mathbf{R}\rightarrow\mathbf{R}$,$h(x)=2x-1$ 则函数 h 为________射函数.

12. 设 $A=\{a,b\}$, $B=\{x \mid x^2-(a+b)x+ab=0\}$,则两个集合的关系为 A ________ B.

13. $\mathbf{Z}$ 是一个整数集,$*$ 是加法运算,代数系统 $\langle\mathbf{Z},*\rangle$ 中的幺元是________.

14. 群中的元素________ 逆元.

15. n 个节点的树中有边数为 ________.

16. 5 个节点的无向完全图 ________平面图.

17. 欧拉图 ________连通图.

18. 图中所有节点的度数之和为 ________.

19. 设有限集合 A, $|A|=n$, 则 $|\rho(A\times A)|=$ ________.

20. 设 R 是集合 A 上的等价关系,则 R 所具有的关系的三个特性是________;________;________.

21. 设谓词的定义域为 $\{a, b\}$,将表达式 $\forall xP(x)\rightarrow\exists xR(x)$ 中量词消除,写成与之对应的命题公式是________.

22. 设 $F(x)$:表示 x 是人,$H(x,y)$:表示 x 与 y 一样高,在一阶逻辑中,命题"人都不一样高"的符号化形式为________.

23. 设是 $\langle A,*\rangle$ 群,那么在 A 中除________ 外没有其他的等幂元.

24. 构成欧拉路的条件是:________.

25. 设集合 A,B,其中 $A=\{1,2,3\}$, $B=\{1,2\}$, 则 $A-B=$ ________; $\rho(A)-\rho(B)=$ ________.

26. 设 G 是完全二叉树,G 有 7 个点,其中 4 个叶点,则 G 的总度数为________.

二、单项选择题(每空 2 分,共 20 分,填在试卷上)

1. 下列语句中________是命题.

A. 我在说谎.　　B. 你好吗?　　C. $x+5<y$　　D. 黄色和兰色可以调配成绿色

2. 设集合 $A=\{2,\{a\},3,4\}$,$B=\{\{a\},3,4,1\}$,E 为全集,则下列命题正确的是(　　).

A. $\{2\}\in A$　　B. $\{a\}\subseteq A$　　C. $\varnothing\subseteq\{\{a\}\}\subseteq B\subseteq E$　D. $\{\{a\},1,3,4\}\subset B$

3. 设 G 为完全二部图 $K_{2,3}$,下面命题中为真的是(　　).

A. G 为欧拉图　　B. G 为哈密尔顿图　　C. G 为平面图　　D. G 为正则图

4. 对于任意集合 X,Y,Z,则(　　)成立.

A. $X\cap Y=X\cap Z\Rightarrow Y=Z$　　B. $X\cup Y=X\cup Z\Rightarrow Y=Z$

C. $X-Y=X-Z\Rightarrow Y=Z$　　D. $X\oplus Y=X\oplus Z\Rightarrow Y=Z$

5. 设 $\mathbf{R}$ 为实数集,定义 $*$ 运算 $a*b=|a+b+ab|$,则 $*$ 运算满足(　　).

A. 结合律　　B. 交换律　　C. 有幺元　　D. 幂等律

6. 由集合运算的定义,对于全集 U 和空集 $\varnothing$,下列各式正确的是(　　).

A. $A \cup U = A$　　B. $A \cap \varnothing = A$;

C. $A \oplus \varnothing = A$　　D. $A \oplus A = A$

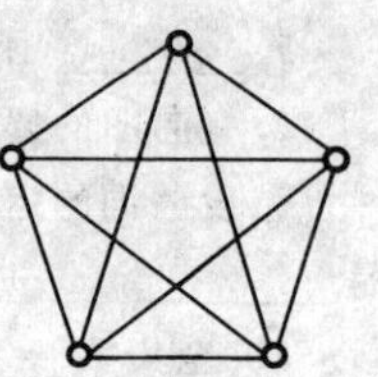

7.设 G 如右图:那么 G 不是(　　).

A.平面图　　B.完全图

C.欧拉图　　D.哈密尔顿图

8.设 R_1, R_2 是集合 $A=\{1,2,3,4\}$ 上的两个关系,其中 $R_1=\{\langle 1,1\rangle,\langle 2,2\rangle,\langle 2,3\rangle,\langle 4,4\rangle\}$, $R_2=\{\langle 1,1\rangle,\langle 2,2\rangle,\langle 2,3\rangle,\langle 3,2\rangle,\langle 4,4\rangle\}$,则 R_2 是 R_1 的(　　)闭包.

A.自反　　B.反对称　　C.对称　　D.以上都不是

9.在命题逻辑中,任何命题公式的主析取范式都(　　).

A.存在且唯一　　B.存在但不唯一　　C.不一定存在　　D.不存在

10.一阶公式 $\forall x(p(x) \vee \exists yR(y)) \to Q(x)$ 中量词 $\forall x$ 的辖域是(　　).

A. $\forall x(p(x) \vee \exists yR(y))$　　B. $p(x)$

C. $(p(x) \vee \exists yR(y))$　　D. $(p(x) \vee \forall yR(y)) \to Q(x)$

三、判断题(在括号中打"×"、"√"每题2分,共10分,填在试卷上)

1.设图 G 为 连通简单平面图,则它的每个面均为三角形.　(　　)

2.设 $(S,*)$ 是代数系统, $a \in S$,若 a 的左、右逆元均存在,则必相等.　(　　)

3.若 R 为 A 上的等价关系,则 R^{-1} 也是 A 上的等价关系.　(　　)

4.除了单位元以外,一个群没有其他幂等元.　(　　)

5. A 上的恒等关系既是 A 上的等价关系也是 A 上的偏序关系.　(　　)

四、计算题(每题6分,共30分,答在答题纸上)

1. R 是集合 $A=\{a,b,c\}$ 上的关系, $R=\{\langle a,b\rangle,\langle b.a\rangle,\langle a,c\rangle\}$,试求 $r(R)$, $s(R)$, $t(R)$.

2.求命题公式 $(\neg P \vee \neg Q) \to (P \leftrightarrow \neg Q)$ 的两种主范式.

3.代数 $A=\langle R,*\rangle$, $B=\langle R,\cdot\rangle$ 的载体是实数集,定义的二元关系如下: $r_1 * r_2 = r_1 + r_2 - r_1 \times r_2$, $r_1 \cdot r_2 = (r_1 + r_2)/2$,它们是半群?独异点?群?

4.考虑实数集合 **R** 到 **R** 的函数如下:

$$f(x) = 2x+5, \quad g(x) = x-4$$

求: $f \circ f$, $g \circ g$, $f \circ g$, $g \circ f$.

5.设 $A=\{a,b\}$,求幂集 $\rho(A)$ 上 $\cap$ 运算的运算表,并求 $\langle \rho(A), \cap \rangle$ 上的幺、零、等幂元.

五、证明题(每题5分,共10分,答在答题纸上)

1.证明: $P \vee Q, P \to R, Q \to S$ 能有效推出 $S \vee R$.

2.设 $f: G \to H$ 是群 $\langle G,*\rangle$ 到群 $\langle H,\circ\rangle$ 的同构映射.若 $b=f(a)$,证明: a 和 b 有相同的周期.

2006—2007学年第一学期

A卷

一、填空题（除标示外每空1分，共30分，填在试卷上）

1. 设全集 $E=\{1,2,3,4,5\}$ 的两个子集为，$A=\{1,2,4\}$，$B=\{3,4\}$，则 $A\oplus B=$ ________；$A\otimes B=$ ________；$\rho(A\otimes B)=$ ________.

2. 集合 $A=\{1,2,3,4\}$ 上可以构成________个不同的等价关系.

3. 设集合 $A=\{a,b,c\}$，$B=\{1,2,3\}$，则从 A 到 B 的映射射共有________个；其中双射共有6个；

4. 设 $A=\{1,2,3\}$，在 A 上定义二元运算如下：$x*y=\min\{x,y\}$；填写 * 右运算表（共1分）代数〈A，*〉是________；它的幺元是________；它的零元是________；它的等幂元是________.

*	1	2	3
1	1	1	1
2	1	2	2
3	1	2	3

5. 设 $F(x)$：表示 x 是人，$H(x,y)$：表示 x 与 y 一样高，在谓词逻辑中，命题“人都不一样高”的符号化形式为________.

6. 将集合 $\mathbf{N}_5$ 中的元素按模3等价的划分是________；该划分诱导出的等价关系 R 的关系矩阵 $\boldsymbol{M}_R=$ ________.

7. 偏序集合〈$\rho(\{a,b\})$，$\subseteq$〉中的最大元素是________；最小元素是________.

8. 设有两个命题变元 P 和 Q，写出它们所有的极小项（共1分）：________，________，________，________.

9. 设命题公式 $G=\neg(P\to(Q\wedge R))$，则使公式 G 为真的指派（P，Q，R）有________；________；________.

10. 设谓词的定义域为 $\{a,b\}$，将表达式 $\forall xR(x)\to\exists xS(x)$ 中量词消除，写成与之对应的命题公式是________.

11. 右图中的强分图的点集是________；单向分图的点集是________；弱分图的点集是________.

12. 设 G 是有7个点完全二叉树，则 G 的总度数为________，分枝点数为________.

13. 设 $A=\{1,2,3,4\}$，A 上的关系 $R_1=\{\langle1,4\rangle,\langle2,3\rangle,\langle3,2\rangle\}$，$R_1=\{\langle2,1\rangle,\langle3,2\rangle,\langle4,3\rangle\}$，则 $R_1\circ R_2=$ ________；$R_2\circ R_1=$ ________；$tsr(R_1)=$ ________；$A/tsr(R1)=$ ________.

二、单项选择题（每空2分，共20分，填在试卷上）

1. 设个体域 $D=\{a,b\}$，谓词 F 在 I 指派下的真值是 $F(a,a)=(b,b)=0$，$F(a,b)=F(b,a)=1$，在 I 指派下，下列公式中真值为1的是（　）.

A. $\exists x\forall yF(x,y)$　B. $\forall x\forall yF(x,y)$　C. $\neg\exists x\exists yF(x,y)$　D. 以上都不对

2. 设 $\mathbf{R}$ 为实数集，定义 * 运算如下：$a*b=|a+b+ab|$，则 * 运算满足（　）.

A. 结合律　　B. 交换律　　C. 有幺元　　D. 幂等律

3. 下列四个命题中哪一个为真？(　　)

A. $\varnothing \in \varnothing$　　B. $\varnothing \in \{a\}$　　C. $\varnothing \in \{\{\varnothing\}\}$　　D. $\varnothing \subseteq \varnothing$

4. 设 R_1，R_2 是集合 $A=\{1,2,3,4\}$ 上的两个关系，其中 $R_1=\{\langle 1,1\rangle,\langle 2,2\rangle,\langle 2,3\rangle,\langle 4,4\rangle\}$，$R_2=\{\langle 1,1\rangle,\langle 2,2\rangle,\langle 2,3\rangle,\langle 3,2\rangle,\langle 4,4\rangle\}$，$R_2$ 是 R_1，的(　　).

A. 自反闭包　　B. 对称闭包　　C. 传递闭包　　D. 以上都不是

5. 右图不是(　　).

A. 欧拉图　　B. 哈密尔顿图

C. 平面图　　D. 完全图

6. 量词 $\forall x(M(y) \wedge A(x))$ 的辖域、约束变元和自由变元分别是(　　).

A. $M(y) \wedge A(x), x, x$　　B. $M(y), x, x$

C. $M(y) \wedge A(x), x, y$　　D. $M(y), x, y$

7. 由集合运算的定义，对于全集 U 和空集 $\varnothing$，下列各式正确的是(　　).

A. $A \cup U = A$　　B. $A \cap \varnothing = A$　　C. $A \oplus \varnothing = A$　　D. $A \oplus A = A$

8. 设集合 $S=\{a, b, c, d\}$，S 上所有等价关系的数目为(　　).

A. 8　　B. 10　　C. 12　　D. 16

9. 设偏序集合 $\langle A, \leqslant\rangle$ 的哈斯图如右图所示，取子集 $B=\{2,3,4,5\}$，元素 6 为 B 的(　　).

A. 下界　　B. 上界

C. 最小上界　　D. 以上答案都不对

10. 若供选择答案中的数值表示一个简单图中各个顶点的度，能画出图的是(　　).

A. (1,2,2,3,4,5)　　B. (1,2,3,4,5,5)

C. (1,1,1,2,3,3)　　D. (2,3,3,4,5,6).

三、判断题（在括号中打“×”、“√”每题 2 分，共 10 分，填在试卷上）

1. $P \rightarrow (Q \rightarrow R) \Leftrightarrow Q \rightarrow (P \rightarrow R)$　　(　　)

2. 序偶组成的集合一定是关系.　　(　　)

3. 函数不一定是关系.　　(　　)

4. $\langle \mathbf{N}_3, +_3, 0\rangle$ 的子群数量正好是 3 个.　　(　　)

5. 树中节点数与边数相同.　　(　　)

四、计算题（每题 6 分，共 30 分，答在答题纸上）

1. 代数 $A=\langle R, *\rangle$，$B=\langle R, *\rangle$ 的载体是实数集，定义的二元关系如下：$r_1 * r_2 = r_1 + r_2 - r_1 \times r_2$；$r_1 * r_2 = (r_1 + r_2)/2$，它们是半群？独异点？群？

2. 求命题公式：$\neg(P \rightarrow Q) \rightarrow R$ 的主析取范式和主合取范式.

3. 设 $A=\{1,2,3,4\}$ 上的关系 $R_1=\{\langle x,y\rangle \mid \dfrac{x-y}{2} \in I-\{0\}\}$，$R_2=\{\langle x,y\rangle \mid \dfrac{x-y}{3} \in I-\{0\}\}$ 用序偶表示下列关系：(1) $R_1 \circ R_2$ (2) $R_2 \circ R_1$ (3) $\widetilde{R}_1 \circ \widetilde{R}_1$.

4. 设 $A=\{a,b\}$，求幂集 $\rho(A)$ 上 $\cap$ 运算的运算表，并求 $\langle\rho(A),\cap\rangle$ 上的幺、零、等幂元.

5. 用迪克斯特拉算法求出如下有权图中从点 a 到 z 的最短路径（用节点序列表示）和权值；再求该有权图所生成的最小生成树和权值.

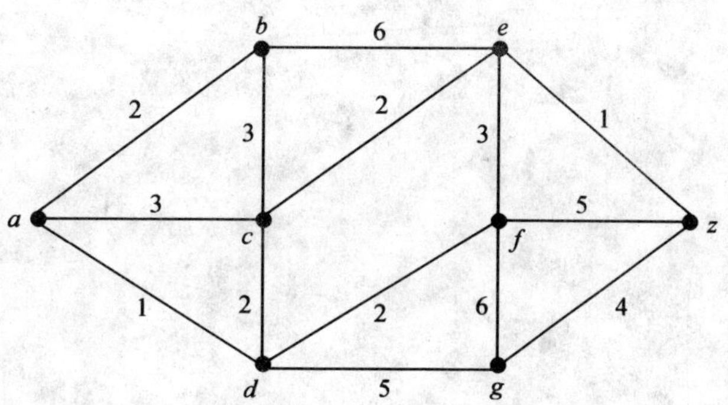

五、证明题（每题5分，共10分，答在答题纸上）

1. 证明：$R\rightarrow\neg P,\ R\vee S,\ S\rightarrow\neg Q,\ P\rightarrow Q\Rightarrow\neg P$.

2. 设代数 $\langle\mathbf{Z},*\rangle$（$\mathbf{Z}$ 为整数集）上的二元运算 $*$ 定义为 $\forall a,b\in\mathbf{Z}, a*b=a+b-2$.

(1) 证明：$\langle\mathbf{Z},*\rangle$ 是循环群；

(2) 求出它的幺元、任意元素的逆元、等幂元.